图 解 宇 宙

——感受 400 个星体的非凡魅力

柳益景　著

一座宇宙天体表示一个世界，天上的世界无奇不有。我们采用的空间望远镜提供的天文照片是无与伦比的，它把可见光波段照片、红外波段、紫外波段、X 射线波段照片叠加起来，使我们看到全波段天体形象，看到庐山真面目。阅读能开阔我们的视野，产生创造灵感和得到启发。

苏州大学出版社

图书在版编目(CIP)数据

图解宇宙:感受 400 个星体的非凡魅力/柳益景著
. —苏州:苏州大学出版社,2015.5
ISBN 978-7-5672-1299-2

Ⅰ. ①图… Ⅱ. ①柳… Ⅲ. ①宇宙—普及读物　Ⅳ.
①P159—49

中国版本图书馆 CIP 数据核字(2015)第 082403 号

图解宇宙

——感受 400 个星体的非凡魅力

柳益景　著

责任编辑　金振华

苏州大学出版社出版发行
(地址:苏州市十梓街 1 号　邮编:215006)
苏州工业园区美柯乐制版印务有限责任公司印装
(地址:苏州工业园区娄葑镇东兴路 7-1 号　邮编:215021)

开本 787 mm×1 092 mm　1/16　印张 12　字数 263 千
2015 年 5 月第 1 版　2015 年 5 月第 1 次印刷
ISBN 978-7-5672-1299-2　定价:35.00 元

序　言

我们翻开一本书,首先看到一篇序言。序言是陈述著作者最感兴趣、最有主见的部分。

一、类星体的本性与演变

本书对类星体的本质做了总体分析:类星体的前辈,类星体的诞生,类星体时代,类星体的碰撞,类星体的演化,类星体已经死亡,类星体的后代,类星体的寿命,类星体的喷流,类星体的光谱分析,类星体中心黑洞,类星体外围尘埃,类星体的不规则光变,普通类星体与高亮度类星体的区别。请看第五章。

二、亲眼看看宇宙的演化

我们能看到宇宙130亿光年之远的天体,越远不规则星系越多,发现宇宙从不规则星系到旋涡星系再到椭圆星系等级式演化。将不同距离的、由远至近的天体照片连接起来,像放电影那样连续观察,亲眼看到宇宙130亿年的演化过程,通过我们观测到的演化过程,就有了一些新的推理和发现:第一,宇宙变得浑浊了。宇宙大爆炸产生的化学元素只有氢、氦和锂。宇宙初期物质密集空间狭小,大质量恒星大量形成,此后就陆续超新星爆发了。恒星中心制造的比氦重的元素撒向空间,宇宙浑浊了。第二,超级大黑洞形成于宇宙早期。早期宇宙物质密集,星系中形成数以亿计的大质量恒星,超新星爆发形成数以亿计的小黑洞,小黑洞在引力作用下向星系中心移动,经过并合形成大黑洞。星系中心大黑洞形成于宇宙早期,从那以后便很少发生。

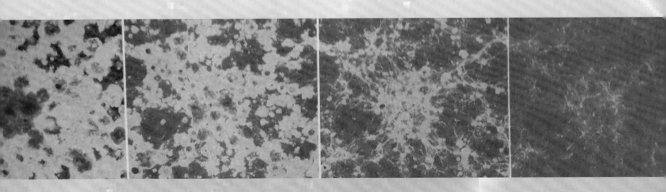

三、Ia 超新星不存在

主流理论认为,Ia 超新星是一颗白矮星伴星,吸收红巨星主星物质过量引发的超新星(下图)。就质量而言,Ia 超新星中的红巨星最大只有 7 倍太阳质量,而白矮星最大只有 1.44 倍太阳质量(钱德拉塞卡极限),白矮星把全部红巨星物质吸收过来也达不到超新星爆发的质量,小质量恒星并吞大质量恒星也是不可能的。就化学成分而言,白矮星没有氢和氦,只有碳元素(碳白矮星),没有产生能量机制。就温

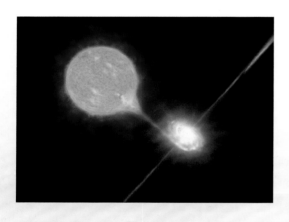

度而言,白矮星最高温度 20 万摄氏度,太阳中心温度 1 500 万摄氏度,引发碳的核聚变需要 8 亿摄氏度,超新星爆发前中心温度理论上限 60 亿摄氏度,白矮星加红巨星相差很远。白矮星老矣,身上添了件新衣(从红巨星那里得到一些物质),也不会变成活跃的星体,白矮星还有中子星,没有能力吸收物质引发超新星,它将演化成黑矮星。

四、太阳系曾遭遇恒星撞击

太阳经天纬地,宏伟、和谐。不料太阳系的第 5 大行星突然破碎,形成 4.4 万颗小行星带;数以亿计的地球恐龙突然灭绝,包括空中的翼龙,陆上的盘足龙,水里的蛇颈龙;四大类冥行星突然飞出黄道面;太阳系行星捕获一批外星小天体,其中包括火卫 1,土星的土卫 9,直径 2 706 千米的海卫 1;几颗直径 2 000 千米左右的小行星撞击内太阳系行星,形成直径 10 660 千米的火星奥林匹斯陨石坑和直径 1 400 千米的塔里木盆地,使附近的高山突然隆起……这些都发生在 6 500 万年前之后,那

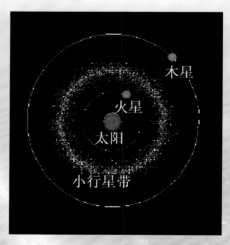

是为什么呢?那是因为一颗恒星撞击了太阳系。6 500 万年前,一颗恒星携带着它的行星系统进入太阳系。请看太阳系曾遭遇恒星撞击的细节与证据。根据"伊巴谷卫星"的测量,140 万年以后,又一颗蛇夫座 GL710 恒星闯入太阳系,太阳系将有翻天覆地的变化……

五、蓝巨星的"夸克伴星"

天鹅座 HDE226868 蓝巨星质量是太阳的 30 倍,有一颗"夸克伴星",两者之间的距离 3 000 万千米,环绕周期 5.6 天,这颗夸克星直径比地球还小,质量是太阳的 6.98 倍,密度 10^{16} 千克/立方米。当超新星爆发以后的星核质量达到 3.2 个太阳以上时,自身引力将质子和中子压碎,释放出夸克和轻子组成夸克星。白矮星、中子星、脉冲星之后,出现夸克星是顺

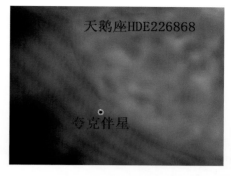

理成章的。黑洞的性质与量子力学相违背,物质一旦落入黑洞,该物质的信息就永远消失了;量子力学认为,物质的信息绝对不会在宇宙中消失。再聪明的大脑也没有想出黑洞的物质是怎样排列的,是怎样组成的。量子力学是正确的,那黑洞就不正确了,这可能意味着夸克星有可能取代黑洞,或者说,黑洞的物质是由夸克和轻子组成的,质量越大密度越大。夸克星没有使物质的信息消失,是物质粒子最基本的组元,结构深层的粒子达到最小而已,一粒夸克的质量是 3.7×10^{-30} 千克。

六、正在爬行的蚂蚁星云

一只 3 光年大的"蚂蚁"是以一颗恒星为中心、由尘埃和气体构成的云团,那颗恒星磁场极强,约一千亿高斯,是太阳磁场的 1 亿倍,整个恒星被强磁场包裹,当那颗恒星喷射气体的时候,被强大的磁场阻断,只能沿着两极喷出,然后再扩散。那颗恒星正以 1 000 千米/秒的速度向外喷射气体和尘埃,组成"蚂蚁"的脚,此前小规模的爆发形成的波瓣在两端突出形成"蚂蚁"的身。"蚂蚁"星云中间的那颗恒星还有一颗伴星,

伴星围绕主星绕转,引力使主星不断摇晃,很像一只活生生的、正在爬行的蚂蚁。无独有偶……

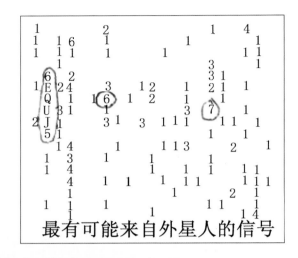

最有可能来自外星人的信号

七、来自外星人的信号

距离地球最近的宜居行星也有 8.291 光年,一艘 30 千米/秒的宇宙飞船也要飞行 8 万年,如宇宙飞船的飞行速度达到光速,需要 6 年加速,光速飞行 4 年,6 年减速,将宜居行星可开采能源用完;宜居行星的直径不大于地球的 1.5 倍,外星人资源有限;再聪明的外星人也改变不了宇宙的浑浊,我们的宇宙不适合高速飞行。

美国"先驱者号"宇宙飞船飞出太阳系,飞船的速度只有 17 千米/秒,飞行记录显示,每三天就有一次穿透性撞击;外星人就是个铁疙瘩,光速(30 万千米/秒)或接近光速飞行,也会被迎面而来的尘埃击出对穿的洞;外星人不曾来过地球,我们只接到过可能来自外星人的信号。

八、脉冲星的零脉冲(缺脉冲)

脉冲星辐射暂时消失,几个周期以后又恢复。脉冲星 PSR0031-07 的零脉冲占 50%;脉冲星 PSR1944+17 的零脉冲占 40%;脉冲星 B1931+24 脉冲辐射 5~10 天,间歇 25~35 天。本书作者认为,有的脉冲星有伴星、有行星,在引力的作用下使脉冲星不断摆动,它的辐射锥也跟着摆动,辐射锥离开地球,就是脉冲星的零脉冲,零脉冲时脉冲星没有停止辐射。如室女座脉冲星 PSR B1257+12 有 3 颗行星,小麦哲伦脉冲星 SXP 1062 有颗伴星。缺脉冲现象与脉冲星年龄无关。

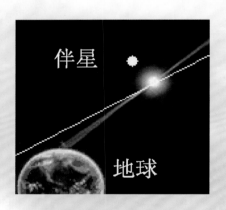

伴星
地球

九、独臂星系的形成

白羊座 Arp78 是一座黄色老年星系,质量与银河系相当,由 2 000 亿恒星组成,有明亮的核心,有大量的尘埃,结构十分松弛。

不料,一座约 500 亿太阳质量的外来星系(其中可能包含大量暗物质),进入黄色星系的引力圈,在强大引力的作用下,从远处高速俯冲下来,形成带状星系,最右边的模糊弧线就是外来星系的运行轨迹。这个轨迹由小恒星、气体和尘埃组成。外来星系近距离高速俯冲连累了黄色星系,从黄色星系中揪出大约 200 亿太阳质量物质与外来星系结伴俯冲。被揪出的恒星受到引力拖拽,不断震荡,恒星中心氢燃料得到补充变蓝变亮,独臂外围被黄色老年星系的尘埃带遮蔽,形成一个蓝黄相间的、类似逗号的独臂——10 万光年大的逗号。外来星系俯冲得越来越远,引力越来越小,独臂会越来越短。

十、生物是宜居行星创造的

宜居行星从原始行星盘那里继承了水(H_2O)、氨(NH_3)、甲烷(CH_4)、二氧化碳(CO_2)等物质,有的还继承了有机分子(如英仙座星云中的蒽和萘,巨蛇座尘埃带中的"多环芳烃",人马座 B_2 中的二醇醛),从宿主恒星那里得到合适的温度,得到宿主恒星紫外线照射,在宜居行星早期海洋里形成

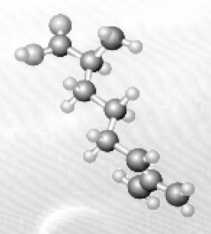

了氨基酸($H_2N—C—COOH$)。氨基酸(左为氨基酸分子结构图,由氢、碳、氮、氧构成。氢、碳、氮、氧、磷是地球人生命的五大基本元素)是蛋白质的基本组成单位,是生命的种子。经过漫长的岁月和自然淘汰选择,氨基酸在宜居行星早期海洋里凝聚成块。这些最基本的分子出现"自我复制"现象。

经过"缩合反应",两个或两个以上有机分子相互作用后结合成一个大分子,出现一种结构更加复杂的"叶绿素"大分子,它们能够进行"光合作用",利用宿主恒星的光,吸收二氧化碳和水,产生葡萄糖($C_6H_{12}O_6$)和氧气。缩合反应使宜居行星生物多样化,多细胞生物大发展,植物、动物出现了……

氨基酸有很多种,常见的有丙氨酸、谷氨酸、赖氨酸、蛋氨酸、色氨酸等,已知的就有 200 多种。两个或两个以上有机分子相互作用后结合成一个新品种,使宜居行星生物多样化。联合国环境署最新统计,地球上共有 870 万种生物……

本书带你看星,看云,看星座,看星系的碰撞,看超新星爆发,看恒星的诞生,看宜居行星,看宇宙的演化,看黑洞吃恒星,看类星体的演变,看最显眼的脉冲星,看强大的 γ 射线暴源,看太阳系最大的陨石坑,看地球上波澜壮阔的流星雨……让我们共同感叹宇宙天体的大飘零。

目　录

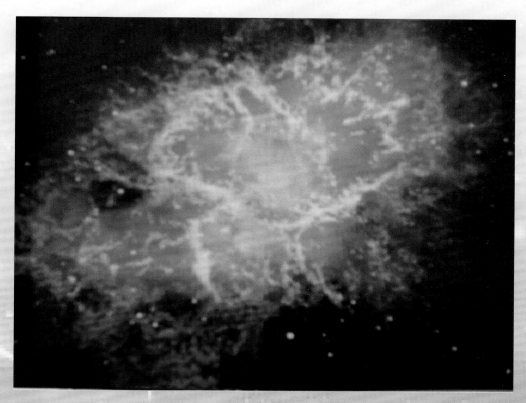

中国新星

一、一颗星就是一个世界

1. 海山二星（西名船底座 η 星）

海山二星（西名船底座 η 星）的质量是太阳质量的 150 倍,亮度是太阳的 470 万倍。船底座 η（读音伊塔）视星等 5.4,肉眼依稀可见,距离太阳 7 500 光年。船底座 η 有一颗伴星。因为船底座 η 星太亮,伴星比较暗而且十分靠近,人们不能直接看到它。但是,船底座 η 星的星风速度高达 2 000 千米/秒,而另一股星风只有 400 千米/秒,两股星风相撞产生 X 射线,由 X 射线的周期变化显示伴星的存在。

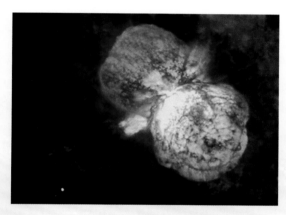

海山二星质量大,自身引力也非常大。海山二星内部温度最高,核聚变产生的能量也非常大,向内的引力和向外的辐射力已经失去平衡,直径不断膨胀或收缩,活动非常频繁,以至大量的物质被抛出。

1840 年,海山二星曾有一次大的爆发,发出强烈的 X 射线,抛出大量的物质,这些物质氮原子出奇的高(说明它经历过氮的核聚变)。这次爆发抛出几个太阳质量,形成大面积的尘埃和气体云,当时增亮到一等星。它的辐射和强大的星风将周围的气体和尘埃弄得凌乱不堪。有的天文学家认为这次爆发不可收拾,超新星爆发到来了。然而,它没有分崩离析,不久又变暗了。1930 年前后,它曾经短暂地成为全天最亮的星之一,仅次于天狼星,比老人星还亮。1997 年和 1999 年拍摄的两张图像显示,它的亮度增加了 75%,几年以后它又变暗了。目前,海山二星已经排在 100 亮星以外。海山二星是最活跃的恒星,它似乎不能维持自己的稳定了。

通过钍和铀元素谱线估算的年龄,海山二星已经 150 万年了(太阳的年龄为 50 亿年)。根据恒星质量与寿命的关系,它的寿命也只有 150 万年。海山二星即将死亡,以超新星爆发的形式分崩离析,外围形成一片残云,中心形成约 5 个太阳质量的黑洞。

与海山二星相似的大质量恒星有蓝色恒星 LBV 1806-20,剑鱼座 HD269810 星。大质量恒星是生产化学重元素的超级大工厂。

2. 太阳系的南天门

最靠近太阳的恒星是南门二星(半人马 α 星),全天第三亮星(第一亮星是天狼星,第二亮星是老人星),视星等 -0.3,也是离太阳最近的星、太阳的第一邻居。南门二两颗主星围绕共同的质心旋转,周期为 80.089 年,距离地球约 4.27 光年,用小倍率望远镜就可分辨它们。我们现在看到的南门二星的位置是 4 年多以前的位置,也就是说这颗星的光线在途中运行 4 年多才能到达地球。南门二的伴星是红矮星,所以说,南门二是颗三联星。

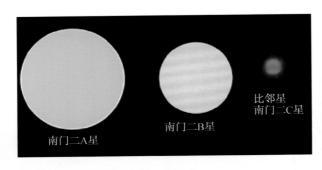

南门二A星　　　南门二B星　　　比邻星
南门二C星

南门二星自行速度 32 千米/秒。主星有两颗:半人马 αA 星是黄色的,视星等 0.01,绝对星等 4.6,是太阳质量的 1.07 倍。另一颗 B 星是一颗橙色的星,有 0.92 太阳质量,视星等 1.13 等,绝对星等 5.8,直径是太阳的 0.84 倍,表面温度 5 300 开尔文,光度为太阳的 0.47 倍。这对双星按长椭圆轨道运行,偏心率 0.52。彼此相距最近为 11.2 天文单位(大约是太阳与土星之间的距离),最远则达到 35.6 天文单位(大约是太阳与冥王星之间的距离),年龄与太阳相同。

　　南门二还有一颗小伴星 C 星,星等 11,绝对星等 15.1(太阳的绝对星等为 5),非常暗淡。小伴星是一颗红矮星,这就是著名的"比邻星",是最靠近太阳的恒星,距离太阳 4.22 光年,距离南门二主星 13 000 天文单位,约合 0.21 光年,似乎以圆形轨道围绕两颗主星旋转,周期约 80 万年。

　　比邻星是一颗红矮星,直径大约是太阳的 14.3%(太阳直径的七分之一),它的质量大约是太阳的 0.126,或者木星的 150 倍。比邻星核聚变的速率很慢,自转周期大约 31 天,表面温度 3 040 开尔文。天文学家们给出的恒星质量下限是太阳质量的 0.075,这是产生氢的核聚变所需的临界质量,比邻星比这个数字稍大。发现的质量最小的恒星是船底座 OGLE-TR-122B 星,质量是太阳的 0.08 倍,直径是太阳的 12%,是双星中的一颗恒星,主星是类日恒星,周期 7.3 天。所以,比邻星是小质量恒星的代表。

　　比邻星距离主星遥远,运转周期为十分罕见的 80 万年,似乎不是土生土长的三联星,倒像是光学小伴星,似乎是从半人马 α 那里经过的。通过钍和铀元素谱线估算,比邻星与半人马 α 主星形成的年龄也不相同。

　　比邻星不像其他红矮星那么稳定,有很活跃的色球层(chromosphere),在 X 光波段可观测到色球层的喷发,属于典型的耀星。法国天文学家弗拉马里翁统计,比邻星 24 年就爆发了 52 次。比邻星还年轻,才 48 亿岁,天文学家推算它的寿命可达数千亿年,现在还是个孩子,可能还很顽皮,到中年就稳定了。

　　比邻星是南门二的伴星。查阅几十座双星和聚星,发现双星质量越大,与南门二距离越小,最大的距离也没有超过 100 天文单位,而比邻星距离南门二主星 13 000 天文单位。所以确定:比邻星是从南门二经过的伴星,它将一去不复返。应该给南门二正名:南门二不是三联星,是双星,比邻星的轨道可能是双曲线轨道。

3. 最显眼的脉冲星

美国宇航局公布了一颗处在超新星遗迹附近的蓝色脉冲星,小麦哲伦星系中的 SXP 1062 脉冲星,年龄不足 4 万年,旋转周期 18 分钟。

周期最短的脉冲星是 PSR J1748-2446,脉冲周期 0.001 4 秒,也就是 0.001 4 秒旋转一周。中等周期的脉冲星 PSR J1841-0456,脉冲周期 11.765 8 秒。最长周期的脉冲星 B1931 +24 脉冲辐射 7 天,间歇 30 天。

质量比较小的恒星不能引发碳的核反应,氦核反应结束以后内部的温度越来越低,热压力不能抵抗引力的作用而造成猛烈坍缩,星核形成白矮星。质量比较大的恒星有可能引发超新星大爆发,释放出巨大的能量,星体物质分崩离析,星核形成中子星。高速旋转而造成周期性辐射的中子星叫作"脉冲星"。这样惊心动魄的、轰轰烈烈的死亡事件必然造成巨大的爆炸。爆炸是不对称的,往往会把中子星、脉冲星射向一边,以高速度远离原来的位置,形成高速的星。小麦哲伦脉冲星就是这样的星。一颗名为 RX J0822-4300 的中子星,正以 1 340 千米/秒的速度运行。目前发现的脉冲星已经有 2 000 多颗。

左图是蟹状星云脉冲星 PSR0531 +21,右图是船帆座 PSRO833-45 脉冲星,它们的形象引人注目。1974 年天文学家们发现一对脉冲星组成的双星,被命名为 PSR B1913 + 16;2004 年天文学家们又发现一对脉冲星组成的双星,被命名为 PSRJ0737-3039A/B。双脉冲星被发现是因为双双辐射锥都扫过地球,脉冲辐射不是全方位的,双星一起扫过地球是天大的巧合。

1992 年在室女座发现毫秒脉冲星 PSR B1257 +12 有 3 颗行星:b 行星质量是地球的 3.9 倍;c 行星质量是地球的 4.3 倍;d 行星质量是地球的 4 倍。

● 脉冲星是如何辐射脉冲的？

脉冲星的磁场强度约有数百万亿高斯（太阳黑子最大时的磁场强度也只有 1 000 高斯）。强磁场把辐射封闭起来，使脉冲星辐射只能沿着磁轴方向，从两个磁极区辐射出来。每自转一周，我们就接收到一次辐射的电磁波。脉冲的周期其实就是脉冲星的自转周期，两个相对着的小区域才能辐射出来。换句话说，脉冲星表面只有两个亮斑，别处都是暗的。

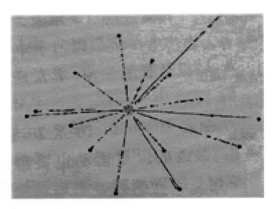

脉冲星功率非常大，它的射电波即使通过"吸光物质云"也影响不大。这个特点作为星空中的标杆是无与伦比的。美国的先驱者 10 号宇宙飞船上有一块金属板，板上画有著名的 14 颗脉冲星的辐射线。辐射线的方向是太阳的方向，辐射线的长度是太阳到脉冲星的距离，右上图最长的一条线，表示太阳到银河系中心的距离，根据 14 颗脉冲星的相对位置，可使外星人确定太阳在银河系的位置。

一颗沃尔夫-拉叶星有 30 倍太阳质量，经过碳的核反应、氧的核反应、硫的核反应。沃尔夫-拉叶星质量中等，不能引发深一层的核反应，就开始大喷发了。外层的氢离子喷射出去形成绿色的手掌和手指，中心氧离子喷射出去形成手心，露出中心高亮度的脉冲星 PSRB1509-58 释放出高能 X 射线，强大的 X 射线击中"手指"前面的一片

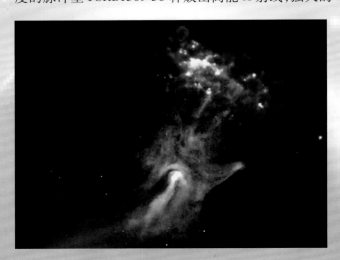

尘埃云，由于距离太近，可使尘埃云产生高温，放出红色的光辉。

脉冲星的缺脉冲（零脉冲）是指脉冲星辐射暂时消失，几个周期以后又恢复的现象。有的脉冲星在一些周期内没有脉冲辐射，形成零脉冲（缺脉冲）。脉冲星 PSR0031-07 的零脉冲状态占 50%，脉冲星 PSR1944 + 17 在 200 个

周期中有 80 个周期是零脉冲。

脉冲星有极强的磁场,有的还有行星、伴星。行星、伴星环绕运动,使脉冲星不断摆动。它的辐射锥也跟着摆动。辐射锥离开地球,就是脉冲星的零脉冲。有的脉冲星有行星,但没有缺脉冲,那是因为脉冲星摆动幅度较小,辐射锥仍扫过地球。零脉冲时脉冲星没有停止辐射,这与脉冲星年龄无关。

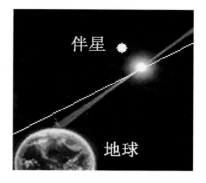

4. 北落师门

白色主序星北落师门(南鱼座 α 星)全天第 18 亮星,视星等 1.16,是南鱼座最亮的白色主序星,秋夜南天中的一颗亮星,直径是太阳的 1.7 倍,绝对星等 2.03,质量是太阳的 2.3 倍,亮度是太阳的 15 倍。汉代长安城的北门叫作"北落门",名称来源于这颗北落师门。北落师门的年龄只有几亿年,是非常年轻的恒星,距离地球 25.1 光年。北落师门、毕宿五、心宿二、轩辕十四分布在黄道附近,被誉为四大王星。

NASA 卫星发现,北落师门星发出的光有过量的红外辐射。如何解释这过量的红外辐射呢?过量的红外辐射来源于北落师门星周围温暖的行星盘。行星盘受到主星的烘烤,温度提高,然后再以红外线的形式辐射出来,说明这个年轻的恒星正在培育行星系统。

北落师门周围围绕着一圈圆盘状尘埃云,距离北落师门 140 天文单位处,有一颗行星北落师门 b。2008 年 5 月,美国加州大学伯克利分校的天文学家 Paul Kalas 从哈勃太空望远镜在 2006—2008 年间拍摄的照片中成功地找出了此行星的位置,发现它

是通过光学方式发现的太阳系外行星。北落师门 b 的质量是木星的 3 倍,公转周期 872 年。北落师门 b 行星是用直接成像的方法发现的,因为这颗行星直径巨大,离母星很远,温度高才能成像。北落师门与太阳的形成相似,可能有地球大小的行星正在形成。从图像可以看到,尘埃盘中有较大的不对称性,说明尘埃盘中有多颗行星正在形成,其中一颗靠近宿主恒星,而另一颗则靠近外围的尘埃环。这两颗行星的质量与地球相近。

从北落师门星的光谱中发现碳元素含量较高,大气中碳的含量比氧多,星的主要成分仍然是氢和氦。同样,在它的行星盘中碳元素含量也非常高。这个发现说明北落师门星与我们的太阳有较大的区别。它形成的行星与地球也会有大的区别。北落师门行星二氧化碳含量比地球高几倍,行星应该很温暖。地球大气二氧化碳体积含量为 0.03%。

5. 牛郎织女星

夏天晴朗的夜晚,一条由恒星组成的银河横跨夜空,织女星(全天第 5 亮星)位于银河的西岸,牛郎星(天鹰 α 全天第 12 亮星)位于银河的东岸,两颗星遥遥相对。农历七月初七前后,牛郎星和织女星运行到天顶,它们的明亮引人注目,它们的故事家喻户晓,是一对光彩夺目的一等星。

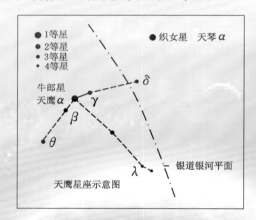

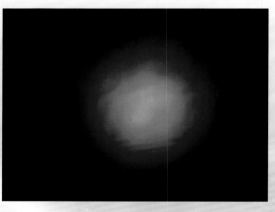

天琴座最亮的星天琴 α(中文名织女一),俗称织女星,是一颗很明亮的星。根据它的运行方向和速度,1.2 万年以后,我们的子孙后代将看到织女,靠近北天极。公元 13 600 年,北天极遇到最耀眼的北极星,就是这颗天琴座的织女星,在位 3 000 年。

织女星距离地球 26 光年,星等 0.1,比太阳亮 60 倍,赤道直径是太阳的 2.69 倍,质量是太阳的 2.5 倍,表面温度 10 000 摄氏度左右(太阳 6 000 摄氏度)。织女星的自转非常快,自转周期 13 小时(太阳自转一周 27 天),自转轴和视线方向夹角只有 5 度,所以人们称织女星是"快速自转的极向恒星"。织女星赤道自转速度是 245 千米/秒,临界自转速度 422 千米/秒。如果它达到临界自转速度,织女星就会甩出很多物质。

从织女星照片上可以清楚地看到,织女星有一个亮核,猜测是被一颗直径 2 000

千米的星撞击造成的,外面被巨大的尘埃盘环绕着。织女星与我们的太阳有很大的区别,我们看到的太阳光球,是由不透明的气体组成的,所以它的界限很清楚,太阳的直径就是根据光球来确定的;织女星没有明显的光球界限。

如果说织女星是位女性,那么她非常年轻,只有3.5亿岁,处在豆蔻年华阶段。太阳已经50亿岁了,处在壮志凌云阶段。红巨星毕宿五已经110亿岁,处在老气横秋阶段。天文学家们利用钍和铀元素谱线来估算恒星的年龄,它们有非常长的半衰期。银河系中的恒星HE1523-0901是最古老的,它的年龄为132亿年,几乎与宇宙的年龄一样古老(美国宇航局空间探测器测得的宇宙年龄为137亿年)。织女星太年轻了,不曾有过儿女,或者说她没有行星系统。所有自转非常快的星都没有行星系统,或者说行星系统正在形成。织女星是光电测光和光谱分类的标准星,它在天文界和民间都家喻户晓。

天鹰座最亮的星天鹰α(中文名河鼓二)有很多其他中文名字,如牛郎星、牵牛星、属牛宿、大将军等,全天第12亮星。它的国际专名是Altair。牛郎星与织女星隔银河相望,传说中的一对儿女就在牛郎星两侧,一个是天鹰β(河鼓一),一个是天鹰γ(河鼓三),与牛郎星构成民间所说的扁担星。

牛郎星是一颗单星,光谱型A7,直径是太阳的1.7倍,光度是太阳的8倍,表面温度7 000摄氏度左右,距离地球16.8光年。牛郎星自转一周只需要7小时,自转速度非常快,自转轴倾角约35度。牛郎星的高速自转导致它的赤道直径非常膨大,赤道直径是极直径的1.8倍,所以,人们形容牛郎星是"扁球状的牛郎星"。

每年农历七月七日,织女选择这个吉利的日子与牛郎相会。古代民间传说,织女七夕(每年农历七月初七晚上)渡银河与牛郎相会,成千上万的喜鹊,翅膀与翅膀相连,在银河上搭起渡桥,叫作鹊桥,让织女渡过银河与牛郎相会。

织女脚踩"鹊桥",穿过银河与牛郎相会。牛郎手挽一对儿女,苦苦在银河东岸等待。宇宙中确实有物质桥,但不是喜鹊搭的。两星之间有物质桥,两个星系之间也有物质桥,这样的物质桥没有"鹊桥"有诗意。

牛郎和织女的探亲假只有一天,2006年是两天(闰七月),而且路途非常遥远,牛郎星和织女星之间的距离为16光年,1光年就是星发出的光线以30万千米/秒的速度运行一年所走的距离。如果织女星面对牛郎星发出亲昵的一线目光,牛郎星16年以后才能看到。牛郎星以26千米/秒的速度向太阳方向运行,织女星以14千米/秒的速度也向太阳方向运行,还有一个不小的运行夹角,两者之间距离不断拉大,没有鹊桥怎能相会。

6. 蓝巨星的"夸克伴星"

天鹅座HDE226868蓝巨星的质量是太阳的30倍,有一颗"夸克伴星",两者之间的距离3 000万千米,环绕周期5.6天。这颗夸克星直径比地球还小,质量是太阳的6.98倍,密度是10^{16}千克/立方米。当超新星爆发以后的星核质量达到3.2个太阳以

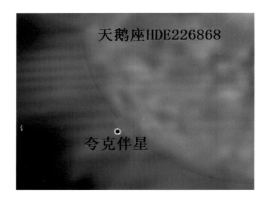

天鹅座HDE226868

夸克伴星

上时,自身引力将质子和中子压碎,释放出夸克和轻子,在强大引力下组成夸克星。在白矮星、中子星、脉冲星之后,出现夸克星是顺理成章的。

夸克星体积很小,密度很大,质量也很大,光都不能逃逸。夸克星是黑的。

夸克和轻子(以下简称夸克)是物质粒子最基本的组元,密度一般在 10^{16} 千克/立方米,质量越大密度越大,物质结构深层的粒子越小,万有引力的作用越大。

夸克星是由物质最基本的粒子组成的。一粒夸克的质量是 3.7×10^{-30} 千克,与电子质量相当,电子质量为 0.91×10^{-30} 千克。

黑洞的性质与量子力学相违背,物质一旦落入黑洞,该物质的信息便永远消失了。量子力学认为,物质的信息绝对不会在宇宙中消失。再聪明的大脑也没有想出黑洞的物质是怎样排列的、是怎样组成的。量子力学是正确的,那黑洞就不正确了,这可能意味着夸克星有可能取代黑洞;或者说,黑洞物质是由夸克和轻子组成的。

夸克星没有使物质的信息消失,是物质粒子最基本的组元,结构深层的粒子达到最小而已。质量越大密度越大。白矮星是小质量恒星耗尽燃料以后,中心坍缩形成的,最大只有 1.44 倍太阳质量(钱德拉塞卡极限);中心质量大于 1.44 倍小于 3.2 倍太阳质量时,形成的是中子星,高速旋转而造成周期性辐射的中子星叫作脉冲星。大于 3.2 倍太阳质量形成的是夸克星。

7. 鲸鱼怪星

鲸鱼座 o 星(中文名蒭藁增二)最亮时为 2 等,绝对星等 −0.4,直径是太阳的 500 倍,是一颗红巨星。鲸鱼 o(读音奥米克隆)神出鬼没,有一个犀牛角般的触角,有一条 13 光年的长尾巴,还有一个隆隆作响的激波,放射红色的光辉,鲸鱼怪星名不虚传。

鲸鱼 o 在运动

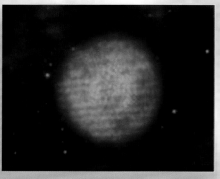

红巨星鲸鱼 o

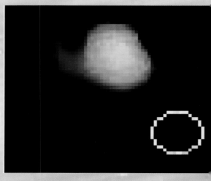

鲸鱼 o 与土星轨道之比

1595 年，德国天文学家 David Fabricius 观测的水星参考星就是这颗鲸鱼 o，是一颗 3 等星，绝对星等 −0.4，没想到几天之后变成 2 等星了，10 天之后就看不见了，10 个月以后又出现了，感到这颗星很怪，"鲸鱼怪星"的绰号就这样传遍全世界了。

人们对鲸鱼 o 特别感兴趣，经过长时间观察，确定它是长周期不规则变星，光变周期是不固定的，最短 310 天，最长 355 天，它的周期平均值是 332 天。人们观测到的极亮和极暗在 2.0～10.1 视星等范围内变化，增亮的速度迅速，变暗的速度缓慢，长期停留在暗淡的极小值，亮度居然相差几百倍（请设想如果太阳变暗 100 倍会形成什么样的世界？），光谱型在 M5 到 M9 型之间变化。这是冷星的光谱，温度在 2 500～4 000 摄氏度之间。鲸鱼 o 距离太阳 417 光年，是一颗红超巨星，是人们所知道的巨大恒星之一。鲸鱼 o 已经变得非常巨大，它的直径在望远镜视场内比土星轨道还大（右下图右下角白圈表示土星轨道）。它的表面物质逃逸速度很低，大量物质向外抛射，是红巨星的晚期。几千万年以后，将只剩下一个星核，形成一颗白矮星。鲸鱼怪星（鲸鱼 o）为什么那样神出鬼没呢？

鲸鱼 o 的直径不断地收缩或膨胀，直径增大造成光度增加，直径减小造成光度变暗，周期范围从 80 天至超过 1 000 天。光度变化大约是以 100 天的时间增加，然后以 200 天的时间下降，其余时间是暗淡的极小值。不论光度增加、光度变暗还是稳定的极小值，它辐射的能量大多是红外线。

鲸鱼 o 光度变化无常，是因为鲸鱼 o 中心的 4 个氢原子合成 1 个氦原子的反应结束以后，中心温度偏低，不能引发氦的核聚变，形成氦的核心并开始收缩。氦核收缩产生的巨大能量使氦核升温，当氦核温度达到 1 亿度左右时，氦发生热核反应，开始了 3 个氦原子聚变成 1 个碳原子的核反应，鲸鱼 o 重新得到能量开始膨胀。膨胀后中心压力变小，氦的热核反应可能熄灭，又快速收缩。天文学家们把这个过程叫作"恒星的氦闪"。鲸鱼 o 光度变化的原因是内部核聚变造成的直径收缩或膨胀。

鲸鱼 o 的质量只有太阳的 2 倍，经历 50 亿年就形成了红巨星，步入衰老的阶段。大型望远镜观测发现鲸鱼 o 有一个"触角"。为什么恒星会出现一个触角呢？鲸鱼 o 是一颗双星，它的伴星（鲸鱼 oB）就在"触角"附近，伴星与主星相距 70 天文单位（海王星距离太阳 30 天文单位）。哈勃望远镜发现有一道螺旋的气流离开主星鲸鱼 oA，朝向伴星鲸鱼 oB 而去，所以看上去有一个触角。双星鲸鱼 o 的周期为 400 年，伴星是一颗正常的白矮星，质量只有太阳的一半，直径只有地球的一半，星等为 10，围绕共同的中心运转的速度很慢，30 年仅运行了 6 度。伴星的引力将鲸鱼 o 主星的物质吸引形成了"触角"。伴星表面温度 20 000 开尔文，它已经没有产生能量的机制，会逐渐冷却。

鲸鱼 o 有一个长尾巴，尾巴的长度 13 光年，尾巴中有碳、硅、氧、铁、钛、钙、锶等元素，在运动的过程中，把这些组成行星的重要元素播撒到空间。鲸鱼 o 的长尾巴是怎么形成的呢？只要知道下面的一些信息就不言而喻了：

（1）鲸鱼 o 的半径是太阳的 500 倍，是一颗年老的红巨星，表面物质逃逸速度很

低,以星风的形式把物质播撒到空间。

（2）鲸鱼o自行速度很高,达到130千米/秒,与伴星结伴高速飞行,是著名的飞毛腿之一,把主星表面逃逸出来的物质甩到后面,形成了一条长尾巴。根据红巨星的星风的损失率,估计几千万年就会露出一颗白矮星。

鲸鱼o高速运行,头上长角,后面拖着一条长长的尾巴,前面还有一个隆隆作响的激波,这样一个庞然怪星确实与众不同。它所处的空间"星际物质"非常稠密,它的运动与"星际物质"压缩作用,形成温度比较高的、隆隆作响的碗型激波头盔。我们虽然没有听到隆隆作响的天籁,但可以看到它。仔细观察运动前沿的激波,发现它并不均匀。不均匀就要震荡,震荡就会隆隆作响。大凡星空中高速运动的激波,都会发出隆隆而过的声音。蛇夫座ζ星(ζ读音截塔)也有个碗型激波,激波的形状与鲸鱼o不同,这是因为蛇夫座ζ星运行速度只有24千米/秒。被命名为"屎"的天鸽座μ(读音米由,中文名屎)是著名的高速星,自行速度100千米/秒,星等5.17,距离地球2 700光年。因为名字不雅,很多人都知道这颗"屎星"。它既没有长尾巴,也没有激波头盔,那是因为"屎星"不是红巨星,表面逃逸速度没有那么低,它运行的空间星际物质不浓密,不会产生激波。天鸽座μ原本是颗伴星,主星超新星爆发时把它抛出去了,形成快速逃逸星。

小麦哲伦星系就有320颗变星,愈明亮的星周期愈长,长周期变星都是红星、冷星(2 500～4 000K),光谱型K5-M。鲸鱼o直径超过土星轨道,但不是最大的星,直径最大的恒星是IRAS 17163-3907,如果把它放在太阳的位置,8大行星以及柯伊伯带深陷在黄特超巨星的腹中,半径10 000天文单位。黄特超巨星中心像蛋黄那样黄,外围像蛋白那样白,它的别名是"煎蛋星云",正在收缩。亮度是太阳的50万倍,距离太阳1.3万光年。

鲸鱼o附近有一颗类似太阳的恒星,中文名天仓五(鲸鱼τ),直径是太阳的81.6%,质量是太阳的90%,与太阳的距离11.887光年,是距离比较近的一颗类日恒星,也是一颗十分稳定的单星,有孕育生命的能力,所以天仓五适合做第二颗太阳。鲸鱼τ光谱型G8,视星等3.49,绝对星等5.68,表面温度5 344开尔文。是太阳的第31远的恒星邻居。

8. 大质量蓝色恒星与亮星

R136a1星是太阳质量的265倍(太阳质量1.989×10^{27}吨),是天文学家们迄今发现的质量最大的恒星,亮度是太阳的1 000万倍,估计在诞生时的质量是太阳的320倍,由于星风十分强烈,其质量逐渐减少。R136a1星每18秒辐射的能量等于太阳一年辐射的能量,它强大的星风和不断喷射的物质,使它的质量在100万年之内损失了50倍太阳质量,再过几百万年,将以超新星爆发的形式解体。

R136a1是巨无霸恒星,诞生刚刚100多万年,就已步入中年,它很快就会超新星爆发,产生难以置信的γ射线暴,释放出的能量相当于太阳1 000亿年释放的能量,亮

红矮星　　　太阳　　　天狼星　　　　　R136a1星

度达到太阳的 100 亿亿倍。让人欣慰的是,R136a1 恒星距离地球 16.5 万光年,对地球没有影响。在银河系中心,蓝色巨星数以万计。

天狼星(大犬 α)最靠近太阳的蓝色恒星,太阳的第五邻居,全天第一亮星,视星等 −1.46,是一颗双星系统,主星天狼 A 直径是太阳的 3.8 倍,质量是太阳的 2.2 倍,表面温度 11 000 摄氏度,大气光谱显示铁的含量是太阳的 3.16 倍,绝对星等 1.3。

伴星天狼 B(左图左下角)是一颗标准的白矮星,绕转周期 50.09 年,表面温度 25 200 摄氏度。直径比地球小,质量与太阳相近,体积是太阳的万分之八,体积小,质量与太阳相近,密度特别大,是太阳的 17 万倍。天狼 B 没有产生能量的机制,它不断冷却,2 亿年后会变成黑矮星。

老人星(船底 α)为全天第二亮星,视星等 −0.72,海南岛有时能看到它在地平线上,光度是太阳的 6 000 倍,质量是太阳的 12 倍,直径是太阳的 65 倍。如果把它放在太阳的位置,让它占据水星轨道的 75%,从地球

看那个假设的老人星,视角达到 32 度(从地球上看太阳视角为半度),水星、金星、地球将被烧焦。绝对星等 −5.53(太阳的绝对星等 5)。老人星正在向地球的南天极运动,偏差 1.5 度,永远也成不了南极星。

大角星(牧夫座 α)为全天第四亮星(第三亮星是半人马 α 星),视星等 −0.04,绝对星等 −0.24,直径是太阳的 21 倍。图的右下角是大角星,能量辐射是太阳的 160 倍,橙色巨星,运行速度为 240 千米/秒,距离太阳 36 光年。它是 100 亮星中的第二颗单星。

五车二(御夫 α)为全天第六亮星(第五亮星是织女星),是三联星,主星视星等 −0.08,两个伴星都很暗淡。主星直径是太阳的 12 倍,质量是太阳的 2.7 倍,光度是太阳的 78 倍。中心氢燃料已经耗尽,正在引发氢的核聚变,"氦闪"使主星有时膨胀

有时收缩。

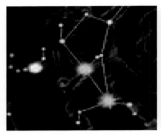
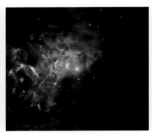

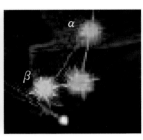

大角星（牧夫座 α）　　　五车二（御夫 α）　　　　冬季大三角　　　　马腹一（半人马 β）

南河三（小犬 α）为全天第八亮星（第七亮星是猎户 β，参宿七），双星，太阳的第13 邻居，距离太阳 11.4 光年。视星等 0.38，绝对星等 2.8，比太阳亮 7.5 倍。伴星是颗白矮星，质量是太阳的一半。南河三是冬季大三角的一个顶点。

马腹一（半人马 β）为全天第 11 亮星（第九亮星水委一波江 α，第十亮星是参宿四猎户 α），视星等 0.61，绝对星等 −5.1，光度是太阳的 8 631 倍，变星，双星。

十字架二（南十字 α）为全天第 13 亮星，图中最下面的一颗是最南边的一颗一等星，三联星，质量分别是 14、10、7 倍太阳质量，质量都很大，三颗星之间的距离都很小，都是 B 型星，各种辐射非常剧烈。不料，又一颗巨星向南十字 α 飞了过来，南十字 α 将有翻天覆地的变化。其实，南十字 α 距离太阳 370 光年，那颗"闯入的巨星"距离太阳 600 光年，巨星是偶然从我们的视线方向经过的，与南十字 α 没有重力的影响。

像天狼星那样的一等星全天有 21 颗，最亮的是天狼星，第 21 颗为轩辕十四（狮子 α）；像弧矢七那样的二等星有 107 颗，最亮的是弧矢七（大犬 ε，读音伊普西隆），第 107 颗平一（长蛇 γ，读音伽玛）视星等 2.99。三等星就不计其数了。

太阳附近的那些亮星，哪颗星有生命呢？这些一等星和二等星 65% 是双星或聚星，它们没有行星。已经发现系外行星 4 000 多颗，没有一颗来自双星。没有行星就没有外星人。这些亮星质量都比太阳大，各种辐射非常剧烈，特别是 x 射线辐射。这些亮星（单星）的行星几乎都是大质量行星，都没有宜居带。搜索外星文明没有刻意对准它们。太阳附近的类日恒星以及较大的红矮星才是我们寻找外星人的目标。

9. 近距离双星

恒星的 65% 是双星。大部分双星是异常接近的星，有的双星共用大气，有的与黑洞为伍，有的相互交食，有的形象如卵蛋，有的高速旋转似风车，有的主星把伴星锁定，还有的双双喷环、亮度变幻无常，星体有时膨胀有时收缩，大胖子有个蓝色小伴儿……

钱德拉空间望远镜拍摄的两颗恒星近距离时两星之间出现物质桥，这是伴星将主星变成卵形星，同时将主星物质吸引形成了物质流。

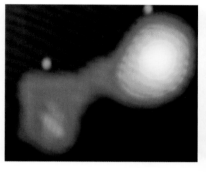

共用大气的双星　　　　　　　　　　　　　　天津四（天蝎 α）

猎犬座 RS 双星，两颗子星靠得太近，只有 300 万千米，是太阳到地球距离的 2%。比较大一点的主星将伴星锁定，伴星失去自转，一面永远对着主星。

天兔 SS 星是不大的红巨星（比水星轨道还小）和一颗年轻的蓝色子星组成的双星，轨道周期 260 天，比太阳到地球的距离还小。红巨星以星风的形式向外抛射物质，蓝色子星很"文雅"地吸食红巨星的物质，好似一对母婴。

天社一（船帆座 γ 星）是一对非常亮的沃尔夫-拉叶星，也是距离太阳系最近的一对沃尔夫-拉叶星，绝对星等 -0.6，光度是太阳的 10 万倍，是非常罕见的双星。

LS54-425 位于麦哲伦星系中，主星是太阳质量的 62 倍，伴星是太阳质量的 37 倍，两星之间的距离只有太阳到地球距离的 1/6，环绕周期只有 2.25 天。观测发现，这两颗恒星的体积还在膨胀，运行轨道不断靠近，出现物质流，很不稳定，总有一天会相撞，同时引发超新星爆发，最终形成一片云。

HD93129 星是一对蓝色超巨星组成的双星，总质量超过太阳的 200 倍，距离太阳 7500 光年，曾经是大质量双星之最。

Pismis24-1 双星主星质量是太阳的 120 倍，伴星质量是太阳的 100 倍，表面温度 5.2 万摄氏度，距离太阳 8150 光年。

巨蟹座 HM 星是一对白矮星组成的双星，两星的距离很近，只有 10 万千米（地球与月亮的距离是 38.44 万千米），轨道周期只有 5.4 分钟，两星不断靠近。白矮星是小质量的恒星坍缩形成的星，密度很高。两颗白矮星一旦相撞，会造成大爆发。

新发现的 WR20a 双星，主星与伴星的质量都是太阳的 80 倍，两颗星的距离很近，绕转周期只有 3.7 天，是一对卵型星，距离太阳只有 2 万年。这对双星的年龄只有 200 万年，一旦超新星爆发，很有可能两星同时进行，是人们没见过的。

10. 天机已经泄露

本书提到碳星唧筒座 υ 星、铅星 HD187861、锆星 LS IV-14 116、钻石星人马座

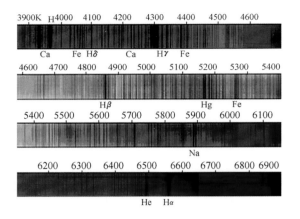

BPM37093、开普勒-10b 重金属星。恒星是由什么物质组成的呢？

太阳的光和热是怎么产生的呢？它的"燃料"是什么呢？如果太阳是由煤和氧气组成的，那么，太阳的体积是地球体积的 130 万倍，太阳的体积可以容纳 130 万个像地球那么大的"煤球"在太阳炉中燃烧。通过能量辐射计算，太阳每秒释放出 3.8×10^{26} 焦耳热量，太阳中的"煤"和"氧气"只能燃烧 1 300 年；如果太阳是由天然气和氧气组成的，也只能燃烧 1 500 年。太阳已经"燃烧"了 50 亿年了。

研究太阳和恒星，不能从那里取来"标本"来分析它的成分。法国哲学家孔德（Auguste Comte）1825 年断言"恒星的化学成分是人类绝对不能得到的知识"。然而，科学技术不断发展，通过恒星发出的光线来研究它的成分取得重大进展。

如果我们把几粒食盐放在酒精灯里，酒精灯的火焰变成黄色的火焰，将这种黄色的光线通过一个狭窄的缝，使光形成一束光线通过玻璃三棱镜，然后将其放大，投影在屏幕上，便形成一条光谱，我们看到了两条 D 谱线，这就是食盐里的钠谱线。通过试验，发现任何不同的元素的光谱是不同的，这样的设备叫摄谱仪。

把太阳光也通过一个狭窄的缝，一束光线通过玻璃棱镜，然后将其放大，便形成一条太阳的光谱。对太阳的光谱分析表明，太阳的主要成分是氢，是一个氢原子球，其次是氦，其他元素如钠、镁、氧、碳等元素所占的比例很小。太阳风的 90% 是氢质子，7% 是氦-3 粒子，也表明太阳的成分。氦-3 是氦的同位素，存在于月球表面土壤中，是没有放射性的核聚变燃料，月球氦-3 蕴藏量 500 万吨，地球上极少。如果使用机器人团队开采氦-3，用航天飞机运回，每开采 100 万吨，可供地球用电 2 万年，太吸引人了。

天上的恒星都很遥远，它们给我们只有一束光线。我们把恒星的这束光线输入到摄谱仪里，发现恒星的主要成分也是氢，其次是氦，没有一颗主序星出现例外。天文学家们总结出光谱的分类：O 型星（表面温度 3 万摄氏度）、B 型星、A 型星、F 型星、G 型星（太阳就是 G 型星）、K 型星、M 型星（3 000 摄氏度）。

只要用仪器测量出恒星亮度，

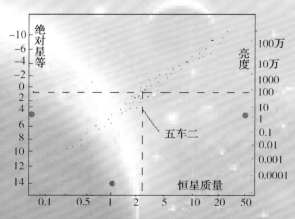

主序恒星的亮度、质量、绝对星等关系图

就能知道它的质量和发光能力。设太阳亮度1,太阳质量1,那么太阳的绝对星等5;测光仪器测得五车二光度是太阳的80倍,所以得出其质量是太阳的2.7倍,绝对星等0.7。

中国有句成语:天衣无缝,比喻事物非常完美、周密,没有破绽。星光也非常完美,没有破绽,但人们用最简单的摄谱仪、测光仪器就发现"天衣有缝",它直接或间接地告诉我们恒星的化学成分、大气温度、物理性质、质量、绝对星等、密度、运动等一系列参数。地球人对星光带来的信息虽还是一知半解,但窥斑见豹,天机已经被星光泄露。

80 颗亮星排序、中文名、西名、视星等(一等星、二等星共 127 颗)

序号	中文名	西名	视星等	序号	中文名	西名	视星等
1	天狼星	大犬 α	−1.46	26	参宿五	猎户 γ	1.64
2	老人星	船底 α	−0.72	27	五车五	金牛 β	1.65
3	南门二	半人马 α	−0.3	28	参宿二	猎户 ε	1.7
4	大角星	牧夫 α	−0.04	29	参宿一	猎户 ζ	1.77
5	织女一	天琴 α	0.03	30	天社一	船帆 γ	1.78
6	五车二	御夫 α	0.08	31	天船三	英仙 α	1.79
7	参宿七	猎户 β	0.12	32	箕宿三	人马 ε	1.85
8	南河三	小犬 α	0.38	33	弧矢一	大犬 δ	1.86
9	水委一	波江 α	0.46	34	尾宿五	天蝎 θ	1.87
10	参宿四	猎户 α	0.5	35	五车三	御夫 β	1.90
11	马腹一	半人马 β	0.61	36	三角形三	南三角 α	1.92
12	河鼓二	天鹰 α	0.77	37	井宿三	双子 γ	1.93
13	十字架二	南十字 α	0.8	38	军市一	大犬 β	1.98
14	毕宿五	金牛 α	0.85	39	星宿一	长蛇 α	1.98
15	角宿一	室女 α	0.97	40	娄宿三	白羊 α	2.01
16	心宿二	天蝎 α	0.97	41	天社三	船帆 δ	2.02
17	北河三	双子 β	1.14	42	斗宿四	人马 σ	2.02
18	北落师门	南鱼 α	1.16	43	土司空	鲸鱼 β	2.04
19	天津四	天鹅 α	1.25	44	库楼三	半人马 θ	2.06
20	十字架三	南十字 β	1.25	45	参宿六	猎户 k	2.06
21	轩辕十四	狮子 α	1.35	46	壁宿二	仙女 α	2.07
22	弧矢七	大犬 ε	1.50	47	奎宿九	仙女 β	2.07
23	北河二	双子 α	1.58	48	蒭藁增二	鲸鱼 O	2.11
24	尾宿八	天蝎 λ	1.63	49	大陵五	英仙 β	2.12
25	十字架一	南十字 γ	1.63	50	库楼七	半人马 γ	2.17

续表

序号	中文名	西名	视星等	序号	中文名	西名	视星等
51	天记	船帆 λ	2.20	66	室宿二	飞马 β	2.42
52	天津一	天鹅 γ	2.22	67	天钩五	仙王 α	2.44
53	参宿三	猎户 δ	2.23	68	弧矢二	大犬 η	2.44
54	王良四	仙后 α	2.23	69	策宿	仙后 γ	2.47
55	弧矢增22	船尾 ζ	2.25	70	天津九	天鹅 ε	2.48
56	王良一	仙后 β	2.27	71	室宿一	飞马 α	2.49
57	轩辕十二	狮子 γ	2.28	72	天社五	船帆 k	2.50
58	尾宿二	1天蝎 ε	2.29	73	天困一	鲸鱼 α	2.53
59	南门一	半人马 ε	2.30	74	库楼一	半人马 ζ	2.55
60	库楼二	半人马 η	2.31	75	房宿四	天蝎 β	2.55
61	房宿三	天蝎 δ	2.32	76	厕一	天兔 α	2.58
62	天大将军	仙女 γ	2.33	77	轸宿一	乌鸦 γ	2.59
63	梗河一	牧夫 ε	2.37	78	尾宿三	半人马 δ	2.6
64	危宿三	飞马 ε	2.38	79	斗宿六	人马 ζ	2.60
65	尾宿七	天蝎 k	2.41	80	氐宿四	天秤 β	……

二、千姿百态的河外星系

1. 最标准旋涡星系

仙王座 NGC6946 是一个最标准旋涡星系,距离银河系 1 000 万光年。如此遥远的星系,还受到银河系银道面的遮蔽,地面望远镜看不到它的细节。空间望远镜不但看到它的蓝色恒星聚集的旋臂、尘埃密集的黄色核心,还能看到如此之多的由恒星组成的星团、带状的尘埃和正在形成的蓝色恒星。它的色泽让人刮目相看,从核心的黄色、旋臂的蓝色、外围的红色渐渐展开。由于尘埃密集,蓝色大质量恒星不断形成,这个星系比银河系活跃。

下图是波江座 NGC 1376 星系,星等 12.8,距离地球 1.8 亿光年。大凡年老的星系中心往往有个中心棒,而这两个旋涡星系却没有。

旋涡星系在高速旋转,由于它的中心有巨大引力,如果它不是高速旋转,应该是个团块。旋转造成盘状结构,我们看到的是它的盘面,侧面应该是个长条,就像右图南天绘架座 ESO 121-6 那样。

2. 恒星稀疏的 M101 与它的伴星系

NGC5457（M101）位于大熊星座，光谱型 F8，视星等 9.6（肉眼只能看到 6 等），直径 17 万光年，是银河系的 1.7 倍，恒星质量 160 亿倍太阳（银河系 1 400 亿倍太阳质量），是银河系的十分之一，直径大，质量小，密度就非常低了，大约每 160 立方秒差距中只有一个太阳（0.307 秒差距 ＝ 1 光年 ＝ 6.324 万天文单位）。恒星密度如此之低，中心恒星引力如此之小，整个星系高速旋转，物质却没有飞离而去，是什么力量保持它的美丽形象？是暗物质，是暗物质的引力束缚着它们。暗物质约占可见物质的 12 倍。

M101 星系中发现两颗非常暗（23 等）的造父变星。造父变星的亮度是一样的，越暗距离地球越远。根据标准比对，M101 就非常遥远了，距离地球 2 590 万光年。

在 M101 还发现 4 颗超新星，特别是超新星 2011fe 是一颗无烟超新星。如此暗淡、如此密度稀疏的 M101 星系也有密集的超新星爆发是十分罕见的。M101 正面对着地球，覆盖的区域有满月大小，比银河系暗淡，位置在摇光（大熊 η）和开阳（大熊 ζ）组成的一个等边三角形。

照片分别来自钱德拉 X 射线空间望远镜、哈勃空间望远镜以及斯必泽空间望远镜合成的全波段照片，可以清楚地看到旋臂上浓密的尘埃带、密集的恒星集团、条状恒星形成区、明亮的老年恒星组成的核心。

别看 M101 非常稀疏，却也有个伴星系（M101 照片最左侧不规则星系），类似银河系的大麦哲伦星系。麦哲伦星系将银河系盘面变弯，这个不规则伴星系将 M101 旋臂末梢拉直。几乎所有星系都有伴星系，如果我们站在伴星系的角度拍摄照片，就会发现伴星系可不自由。AM1316-241 星系（左图）离我们近的就是伴星系，以椭圆形轨道围绕主星系绕转，

每次靠近主星系，就会产生翻天覆地的变化。这次更甚，它正在撞向主星系。伴星系实体向主星系落去，小恒星与尘埃落在后面（哈勃空间望远镜拍摄）。

● 伴星系的结局

所有旋涡星系都有伴星系，伴星系是大星系的附属星系、卫星星系，它们围绕主星系做长椭圆轨道运动，这就意味着它们的最终结局是被主星系吞并。

　　银河系曾经吞并过很多矮星系,十几个由恒星组成的星流便是佐证,最典型的人马座星流约有 1 亿颗恒星,跨度约 100 万光年。银河系的伴星系大麦哲伦星系,60 亿倍太阳质量,由 100 亿颗恒星组成,直径 3 万光年,光度是银河系的 1/10。它沿着高度偏心的轨道围绕银河系运动,它的高度偏心轨道预示着大麦哲伦星系将被银河系吞并。

　　至今发现仙女座星系有 14 个伴星系,最大最亮的是 M32 和 M110,仙女座星系已经吞并过许多伴星系,被吞并的伴星系向中心运动,形成第二个质量核心,中心可能形成一个棒,过渡到棒旋星系。

　　NGC7674 星系的伴星系正在向旋涡星系掉去,使旋涡星系的旋臂变形;NGC 3081 星系被主星系剥去外围,露出明亮的核心……

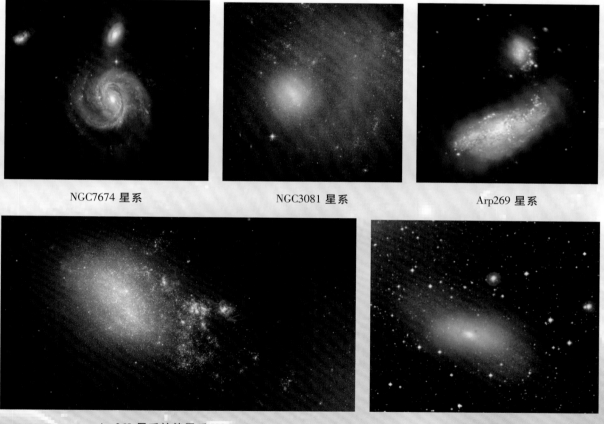

NGC7674 星系　　　　　　　NGC3081 星系　　　　　　　Arp269 星系

Arp269 星系的伴星系 NGC4485　　　　　　　　　　M110 星系

　　猎犬座 Arp269 星系的伴星系 NGC4485 直径约 5 万光年,受到主星系强大引力的牵引,被拉长了 2.4 万光年。它的外围星团被主星系掠去,震荡,碰撞,擦肩而过,形成很多蓝色恒星。靠近主星系的星团像自由落体那样,径直向主星系(右下角)落去。

　　M110 是较小的椭圆星系,10 亿太阳质量。它的周围有 8 座 10～20 万倍太阳质量的球状星团向它掉落。一眼就能看出 M110 已经被俘获,它的许多物质飞向左上角,后面有似乎尾巴的结构,说明它向左上角移动,被拉长了。左上角发黄的星系是仙女座旋涡星系,未来环绕仙女座星系运转会更近或者被吞没。

3. 旋涡星系 NGC4414

后发座旋涡星系 NGC4414 照片上的每一个小点都是一颗火红的"太阳",该星系由 2 500 亿颗恒星组成,照片是哈勃空间望远镜拍摄的真色照片。NGC4414 旋臂附近的褐色物质是尘埃带,那里是新恒星诞生的区域。雄伟的 NGC4414 因包含一些黄红巨星、年轻的蓝色恒星和大量的尘埃而著名。NGC44414 星系是一种没有鲜明旋臂的星系,这样的星系往往非常活跃。银河系旋臂上的物质占银河系质量的 20%,而 NGC4414 外围物质却占 50%。NGC4414 有许多造父变星,造父变星的发光能力是一样的,从它们亮度的变化,得以估算出这些造父变星的距离,也是 NGC4414 与太阳的距离,大约 60 万光年。NGC4414 中心核球由年老的恒星组成,低温的年老恒星呈橙黄色;而星系外围由以高温恒星为主的星组成,呈蓝白色,两种不同颜色的恒星由里向外逐渐展示。NGC4414 星系富含气体和尘埃,在旋臂附近形成尘埃带,很多蓝色恒星被埋没,但它们发出的强烈辐射被尘埃气体吸收,使尘埃气体温度升高,再以红外波段辐射出来。

后发座旋涡星系 NGC4414　　　　　　　　大熊座 NGC3310

大熊座 NGC3310 是一座非常活跃的旋涡星系,恒星形成率很高,组成大型星团的速率也很高。巨大的蓝色恒星不但在旋臂上形成,在中心周围也大量形成。距离地球 5900 万光年,覆盖区域 7 万光年,比银河系稍小。

在人们心目中,昏暗星系是老年星系,大部分处在安静的阶段,颜色黄了,尘埃多了,星风弱了,整体暗淡了,几乎没有超新星爆发了。我们的银河系还没有进入昏暗星系行列,就 400 年没有爆发超新星了。不料巨蛇座 NGC6118 星系(下图)这一著名的昏暗星系于 2004 年却爆发了超新星。巨蛇座 NGC6118 星系是比较昏暗的星系,它与其他昏暗的星系区别不大，也有暗淡的中心、清晰的旋臂，旋臂之间存在浓密的尘埃带，旋臂上布满了星团和昏暗的恒星。难得的是，拍摄这张照片的时间是 2004 年 8 月 21 日，当时一颗超新星 2004dk 正在爆发，爆发前是一个双星系统，主星爆发了，伴星不见了。距离地球 8 000 万光年。图片中的蓝色恒星是巨蛇座 NGC6118 星系的前置恒星。

超新星爆发的最低质量是 7.8 倍太阳质量，质量越小，爆发得越晚。那些比较小的恒星，终于在星系老化的时候才爆发。暗淡星系也有超新星爆发是可以理解的。

4. 巨型椭圆星系半人马座 NGC5128

半人马座 NGC5128 是一座椭圆星系，从哈勃空间望远镜拍摄的照片可以看出，它中间有一条浓密的尘埃带，恒星在尘埃带蓝色区域火爆形成。这个椭圆星系是十几亿年以前两个星系碰撞造成的，一座是巨大的椭圆星系，一座是巨大的旋涡星系，碰撞以

半人马座 NGC5128 与尘埃带特写

后旋涡星系主体已经沉入椭圆星系之中,而它富含尘埃的旋臂受到引力的激发,十分活跃,旋臂中的尘埃受到挤压,诱发蓝色恒星形成,仍然飘浮在椭圆星系之外,不久也会被椭圆星系吞没。

观测表明:半人马 NGC5128 有两个 X 射线源,分明是两座碰撞星系的核心。

● 超巨椭圆星系 NGC1132

波江座 NGC1132 超巨椭圆星系诞生在一座星系群中,它把附近的大小星系都吸入囊中,远处的小星系纷纷向超巨椭圆星系落去,分散的尘埃、浓密的暗物质、万亿颗恒星和星团,集聚在超巨椭圆星系周围,整个星系正在收缩。哈勃空间望远镜与钱德拉 X 射线望远镜分别拍照然后合成,图片中大部分星系是遥远的背景星系。

武仙座 NGC6166 星系视直径达 100 万光年(银河系直径 10 万光年),包含 80 万亿颗恒星,是宇宙中最大的椭圆星系。超巨椭圆星系是几个相互碰撞的星系并合而成的。宇宙中星系之间的距离很大,两个星系碰撞、形成椭圆星系的过程要经历很长时间,而旋涡星系旋臂上的大质量蓝色恒星的寿命很短。在这漫长的椭圆星系演化过程中,蓝色恒星有的老化了,有的超新星爆发了,有的落入椭圆星系内部被埋没了,所以成熟的椭圆星系里看不到年轻的蓝色恒星。

超巨椭圆星系 NGC1132

武仙座 NGC6166 星系

5. 活跃的 M83 与星爆星系

M83(NGC5236)星系距离地球 1 500 万光年,是一座棒旋星系,两条不规则的旋臂从一个棒状核心展开,旋臂上有蓝色星团形成,不同演化阶段的恒星比比皆是,它们强大的辐射将那里的尘埃挤压成条状。旋臂上的极热星团使附近的尘埃升温,呈现出红色。星系两条旋臂之间的恒星又小又暗又稀疏,被星团的辐射弄得杂乱无章。M83星系中心引力很大,大量的尘埃气体云正在收缩,中心有个大质量黑洞。M83 星系100 年内有 6 次超新星爆发,证明非常活跃。

M83 星系

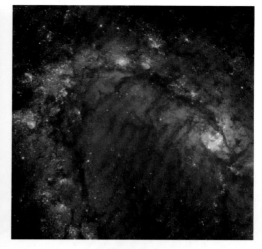

M83 左旋臂的放大特写

御夫座 NGC253 是旋涡星系,距离地球 1 000 万光年,是一位女大学生在 1783 年发现的。它最大的特点是整个星系布满浓密的尘埃,尘埃中恒星大量形成,是著名的"星爆星系",也是尘埃最稠密的星系之一。

御夫座 NGC253

NGC253 星系右侧放大特写

一眼就能看出,御夫座 NGC253 有一个剧烈活跃的星系核心(Active Galaxy Nucleus,简称 AGN),X 射线波段能量和射电波段能量是银河系中心的几十万倍,是强大的 X 射线源和伽马射线源,甚至辐射中微子。星系核心有个超大质量的黑洞,星系中心十分明亮的原因是小黑洞大并合。NGC253 是御夫座星系团的最大成员。

照片由欧洲南天天文台 2.2 米望远镜拍摄,天文台位于智利。可以看到比较明亮的前景星、两座伴星系、很高的恒星形成率、大量的蓝色恒星,强大的星风把尘埃从星系中推送出来。观测表明,从星系中推送出来的物质多达 10 倍太阳质量。两侧明亮的蓝色星系是它的伴星系。

这幅放大特写影像,是由五张哈勃空间望远镜影像并合而成的,影像左端为星系的核心,放射明亮的光辉。外围尘埃滚滚,蓝色新恒星全境开花。

6. 巨大的棒旋星系

棒旋星系 NGC1365 位于天炉星座,是人们最关注的棒旋星系。棒旋星系 NGC1365 是一个巨大的星系,跨度20 万光年(银河系的直径 10 万光年),距离太阳 6 000 万光年,有一个棒状中心和一对动人的、不对称旋臂。棒状核心两侧有两条粗壮的大旋臂,旋臂根部有大量物质在运动。两条美丽动人的旋臂上有蓝色恒星组成的星团,有醒目的尘埃带,星光闪耀,热气体活跃。

NGC1365 棒旋星系核心非常明亮,两个质量中心被尘埃带隔开,快速顺时针旋转,周围的许多星体向棒状核心掉落,气体和尘埃浓密。如果说两个星系相对运动,近距离时调头相撞是可能的。统计显示,所有棒旋星系都有两个质量核心。

棒旋星系的形成原理一直是个谜,孔雀座 NGC6872 星系能使其真相大白。跨度超过 52.2 万光年的孔雀座 NGC6872 星系是银河系直径的5倍。它的形成是两个巨大星系碰撞造成的。这两个星系在强大的相互引力下快速靠拢,两个星系距离比较接近,质量比较大的星体靠拢得快,距离远的、质量小的靠拢得慢。后面形成尾巴,前面已经碰撞并合。中心仍存在两个核心,计算显示核

心恒星距离仍有 0.017 光年(太阳距离比邻星 4.22 光年)。碰撞时两个核心相互递减穿越很多次,中心恒星围绕两个核心做长椭圆轨道运动,形成中心棒。棒状核心已经

形成,顺时针旋转。两个大尾巴也在回归。当尾巴贴近中心的时候,核心已经旋转了一个大的角度,尾巴便成了两个旋臂,棒旋星系形成了。右下图是成熟的棒旋星系 NGC1300。照片由智利南双子座天文望远镜拍摄。

两个星系的碰撞,无辜连累了 IC4970 棒旋星系(上图右侧的小星系),使它一反常态,围绕碰撞星系中心旋转半周,轨迹隐约可见。穿越碰撞星系的右旋臂小半径调头,不由自主地向大星系核心撞去,它的引力把大行星的旋臂弄成一个小弯。

飞马座 NGC7479 是两个星系碰撞形成的(左下图),两座星系相对运动。当距离最近的时候,在引力的作用下,两座星系大调头,星系中的星团和巨大的恒星相互震

荡,有的擦肩而过,恒星中心的氢元素得到补充变蓝变亮,头部并合不在一条直线上,形成质量力矩,从而高速顺时针旋转,尾部也跟着回归。

鲸鱼座 NGC1073 棒旋星系的中心棒已经形成,它的蓝色旋臂还有分叉。跨度 8 万光年,距离地球 5 500 万光年。照片右侧显示出遥远的三座类星体(右上图中画白圈的)。

7. 不规则星系

我们能看到宇宙 130 亿光年之远的天体,正处在能放眼整个宇宙的时代。我们向宇宙深处看去,也就是在时间上往过去看,越远不规则星系越多,最远处几乎全部是不规则的蓝色星系,发现宇宙从不规则星系到旋涡星系再到椭圆星系等级式演化。鹿豹座 NGC2403 星系原本是座不规则星系,正在旋转而向旋涡星系过渡。

鹿豹座不规则星系 NGC2403(左上图)只有银河系的一半,距离地球 1 000 万光年,整个星系布满红色星团,星团中有很多大质量恒星,此后大质量恒星就会超新星爆发。据统计,银河系附近的星系平均每 300 年就有一颗超新星爆发,银河系已经 400 年没有超新星爆发了,而 NGC2403 近 100 年就爆发了 6 次,最近一次在 2004 年。

三角座 ESO137-001 星系(右上图)与鹿豹座 NGC2403 非常相似,当它穿越星系团阿贝尔 3627 时,靠近了一座巨大的引力源,被"巨引源"俘获。在"巨引源"的拉扯下,星系中的一些星团、巨大恒星被撕扯下来,高速向"巨引源"飞驰而去,这些星体组成一条条星流。星流附近的气体受到冲压形成气团,但不能形成新的恒星,那是因为当物质足够多、密度足够大、温度足够冷,达到一定质量的时候,气团就会引起"引力塌缩",形成新的恒星。ESO137-001 星系不具备这些条件。

ESO137-001 星系不但星团、巨大恒星被搜出,整个星系也在向"巨引源"运动,后面还拖着一条长长的尾巴。银河系也受到这座"巨引源"的影响。

御夫座不规则星系 NGC55(左上图)质量只有银河系的一半,蓝色恒星比银河系还多,有两个质量核心。据统计,不规则星系三分之二是有两个质量核心的,说明它们是经过碰撞的。距离地球 600 万光年。

不规则星系 NGC3738(右上图)有一座 30 万倍太阳质量的黑洞,是最小的星系级黑洞(星系级黑洞的质量大都在 300 万到 200 亿倍太阳质量)。一颗恒星级小黑洞约 5 倍太阳质量,并合成 30 万倍太阳质量的星系级黑洞,需要 6 万恒星级小黑洞,说明它曾经有 6 万颗超新星在诞生初期爆发,在那以后便很少发生超新星爆发。

8. 小狮座的海市蜃楼

我们已经习惯阳光和星光直线传播。爱因斯坦认为,光线经过大质量天体时会发生弯曲。

  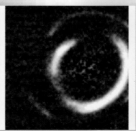 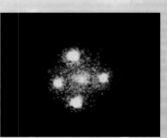

星空中围绕一座星系团有不完整的蓝色弧,天文学家将蓝色弧与爱因斯坦挂上了钩,称之为爱因斯坦环,并将两个不同心的弧称为爱因斯坦双环。3 个星系分别距离地球 20 亿光年、60 亿光年和 110 亿光年,它们发射的光线经过那个模糊的、质量巨大的星系团(引力透镜体)时,形成 3 个环,被誉为爱因斯坦三环。2005 年 11 月 17 日美国宇航局公布 8 个爱因斯坦环,其中包括爱因斯坦十字,从此爱因斯坦环就家喻户晓了。

在巨大的狮子星座一旁,趴着一个小狮座,别看它只有 3 颗四等星,却也是一匹狮子王。小狮座有一个编号为 SDSS J1004-4112 星系团,它把经过的更远的两个明亮类星体光线弯曲,形成 8 个类星体的虚像。

验证与启发:将 8 颗虚像分别进行光谱分析,4 颗白圈的相同,4 颗白框的相同,证明 4 个画白圈的是同一颗类星体虚像,画白框的是另一颗类星体虚像,一眼看到 8 个"星空海市蜃楼"十分罕见。换句话说,我们看到的远处的星系,未必都是真实的。

9. 宇宙大尺度星系团

星系是由恒星系统组成的,宇宙的大尺度星系团是由星系组成的。距离我们最近的星系团是室女座星系团,它的组成,像银河系那样的星系就有 2 500 座,矮星系数以万计,暗物质是可见星系质量的 10 倍,还有无数质量巨大的气团,覆盖直径 25 亿光年区域,产生的引力减缓了银河系的退行速度。

　　室女座星系团中有很多彼此逐渐靠近的星系对,分布得很均匀,而且分布在一个长度很长、宽度很窄的"公路"上。一大批星系正沿着"公路"向星系团中心进发,速度高达 1 600 千米/秒。每个星系都有一条尾巴,就像一群蝌蚪面向一块蛋糕。

　　银河系正以 1150 千米/秒的速度远离室女座星系团,室女座星系团的强大引力减缓了银河系的远离速度,就像我们从地球上往天空抛一块石头,眼见得石头不断远离地球,在地球的引力下,石头远离速度不断降低,最后还是落向地球。

　　室女座星系团中有数座巨大气团,每座气团足以形成数以亿计的恒星,但气团中的恒星寥寥无几。是什么阻止了恒星的形成? 研究认为是暗物质,暗物质占宇宙总物质的 23%±4%,而在这个气团中暗物质却占 90%。气团中形成的是一座座暗物质星系,最著名的是室女 21 黑色星系。

　　超级星系团是宇宙更大的星系结构,有扁长的外形,自转,不均匀,不稳定,比较近的有武仙座超级星系团、北冕座超级星系团,比较远的有天鸽座超星系团、大熊座超星系团。是数以万计的超级星系团结构创造了宇宙。

　　宇宙最大的结构如同一张网,称为宇宙网(右图),丝状物质是由暗物质凝聚在一起的可见物质,与巨大的空洞组成一大堆肥皂泡式的结构。暗能量推动宇宙膨胀,使空洞扩大,可见物质和暗物质阻止宇宙膨胀。如果没有暗能量使宇宙膨胀,我们的宇宙便是个小"侏儒";如果没有可见物质和暗物质阻止膨胀的引力,我们的宇宙便是个无限高大的虚胖巨人。

三、剧烈的碰撞星系

1. 用旋臂牵引着伴星系

　　猎犬座旋涡星系 NGC5194（M51）位置在猎犬座与大熊座的交界处，比仙女座星系稍小，正面对着我们。它的近似圆的核心两旁伸出两个旋臂，一个旋臂的末端卷进一个伴星系 NGC5195，而另一个旋臂却没有。旋臂结构非常紧凑，浓密的尘埃充斥整个旋臂，新恒星的辐射照亮了尘埃带。伴星系中有许多新形成的恒星，也有一个明亮的核心，距离地球 2 000 万光年。照片由哈勃空间望远镜拍摄。

　　伴星系 NGC5195 视星等 8，它似乎牵引着一条旋臂，但其实伴星系已经被主星系捕获，围绕着主星系旋转，每旋转一周大约需要 2 亿年，而且还不断靠近。两个星系的引力不但影响了主星系的旋臂（右上图为伴星系的放大图），也影响了整个伴星系，使伴星系变得非常活跃，与主星系接触区域暗涛滚滚。

　　剑鱼座 AM 0500-620 也由一个旋涡星系和另外一个星系组成，形象与猎犬座旋涡星系 NGC5194 相似。别看它靠得很近，其小星系却是个背景星系。两个星系引力拖拽极小，也把它定为碰撞星系，变形不大，也不曾相撞，是偶然交汇在一起的。距离地球 3.5 亿光年，小星系更远。

　　波江座旋涡星系 NGC1232（右下图）的左旋臂上，似乎也卷进一座星系。主星系是由大约 3 000 亿颗星组成的，星系的中心部分是由类似太阳中老年星组成的。旋臂上泛着蓝光的星，是由诞生不久的或正在形成的星组成的，直径 20 万光年，距离太阳 6 800 万光年。在左旋臂顶端，似乎卷进一个棒旋星系。经过测量两个星系的距离，才知道那个小星系是背景星系，不曾将那个棒旋星系卷入。波江座 NGC1232 星系具有醒目的旋臂、明亮的疏散星团、大量的星际气体和无所不在的暗物质。

　　NGC1232 星系距离太阳 6 800 万光年，那个棒旋星系距离太阳 6 500 万光年，两者

相距 300 万光年。

2. 护蛋的企鹅星系

"企鹅"NGC2936 本是一个旋涡星系,有旋臂,有尘埃带,有明亮的核心。当运行到一个巨大的"企鹅蛋"NGC2937 一侧的时候,它便不由自主地展开翅膀,围绕椭圆星系旋转。在蛋的强大引力下,NGC2936 产生巨大变形,"企鹅"头慢慢低下,眼若秋水,发如春云,"企鹅"身渐渐靠近,嘴巴和翅膀附近的气体和尘埃形成新的蓝色恒星,旋涡星系在潮汐力作用下变成一只巨大的企鹅,而那个巨大的蛋却无动于衷。

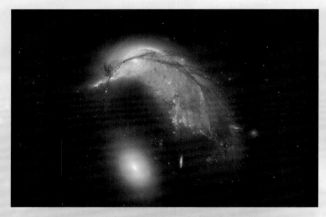
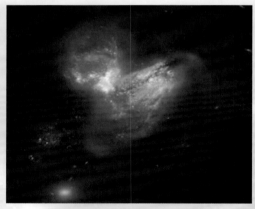

两座椭圆星系 AC694 和 NGC3690 碰撞十分罕见(右上图)。椭圆星系中的恒星非常密集,被誉为"铁疙瘩"。这座天体刚刚碰撞,内部结构异常动荡,很不安静。整个星系暗涛汹涌,有大量的物质抛射。

椭圆星系是两个或几个旋涡星系碰撞形成的。旋涡星系旋臂上蓝色恒星的年龄都比较轻,而椭圆星系内恒星的年龄都比较老。如果椭圆星系是两个旋涡星系经过碰撞组成的,那么那些旋涡星系的年轻蓝色恒星、尘埃带在哪里呢?这座椭圆星系的碰撞,那些蓝色恒星、尘埃带暴露无疑。这两个已经碰撞过的星系又进行第二次碰撞,实属难得一见。

　　宇宙中星系之间的距离很大,两个星系碰撞的过程要经过很长时间,形成椭圆星系的过程也需要很长时间,一般需要10亿年;而那些旋臂上的大质量年轻恒星的寿命都很短。在这漫长的椭圆星系演化过程中,有的老化了,有的超新星爆发了,有的落入椭圆星系内部被埋没了,所以,一般的椭圆星系表面没有年轻的蓝色恒星。根据统计,河外星系17%是椭圆星系,是相互碰撞过的。

　　NGC6745(右图)是一个旋涡星系,它的
核心、旋臂依稀可见。不料,一个快速运行的
小星系从左侧靠近旋涡星系,两者距离越来
越近。当它运行到旋涡星系的右侧时,竟然
插入旋涡星系,穿越并在强大的引力和磁场
的作用下引发剧烈的震荡,导致气体被压缩,
形成无数蓝色恒星,最后脱离,高速小星系扬
长而去。这个过程耗时数百万年。整个图像
似一只鸟儿在啄食,跨度8万光年(银河系10
万光年),距离地球2亿光年。

NGC6745 星系

3. 巨大星系双并合

　　狮子座 Arp87 天体由两个巨大的星系组成,左上图的星系质量最大。从右侧星系的外围物质的运动状态就能看出,右侧星系已经进入大星系的引力圈,不断向大星系靠拢。引力决定质量,更决定距离。右侧星系的左旋臂被引力拉直并形成物质流,尘埃也形成带状。由于靠拢得很快,右旋臂形成尾巴。大星系侧面对着我们,也一反常态。小星系的引力使大星系的外围物质变形。狮子座 Arp87 距离地球3亿光年。

狮子座 Arp87

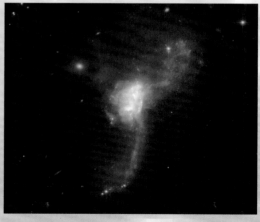

ESO 148-2 星系

被昵称为"猫头鹰"的 ESO 148-2 星系,是两个星系核心正在碰撞的天体,星系核心恒星密度很高,数以几百亿的恒星相互穿越,如同千军万马冲锋陷阵。从展开的一对翅膀就能看出这两个星系的原来位置和碰撞前的运动。ESO148-2 星系距离地球 6 亿光年。

椭圆星系 M64 俗称黑眼睛星系,是两个星系碰撞形成的。它以一圈黑色带和内、外部逆向旋转而著称。

黑眼睛星系 M64

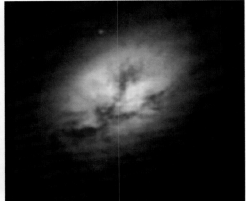

NGC4150 星系

M64 的位置在北方的后发星座,距离太阳 1 700 万光年,直径 51 000 光年。照片由哈勃空间望远镜拍摄。观测表明,后发座黑眼睛星系(M64)有一个明亮的中心,外围有大量黑暗的尘埃云,大量恒星被深埋在尘埃之中。外部厚实的尘埃气体宽度 4 万光年,内部区域的半径约 8 000 光年。内、外部的运动方向正好相反,相对速度每秒300 千米。两者摩擦区域形成很多旋涡,旋涡中产生很多新的蓝色恒星,说明黑眼睛星系是刚刚碰撞过的星系,还没有来得及融合。两股物质运动方向相反,相对速度很大。它们是怎样融合成一体的呢?可能依靠两股物质摩擦,不断减速而融合。

巨型椭圆星系 NGC4150 将一个较小的星系扯碎,像拉面条一样将人马座一个矮星系拉长,扯裂,然后"吃"掉。巨型椭圆星系 NGC4150 的引力非常巨大,年代十分古老,大约有 100 亿岁,依靠吞食小星系成长壮大,保持活力。这次被它吞食的小星系十分年轻,也比较大,质量有这个椭圆星系的 1/20,年龄只有 10 亿岁,它被吞食的残骸,包括蓝色恒星、尘埃带都被观测在目。

4. 乌鸦座星系的碰撞

因为我们的眼睛能看得很远,两个星系的碰撞是常见的了,哈勃空间望远镜 18 岁生日时一下子公布了 59 个碰撞星系。乌鸦星座 NGC4038 和 NGC4039 触角星系正在碰撞。在那里,星的运行出现混乱。虽然星与星之间距离比较远,星与星的碰撞有时还会发生。照片中的两个亮点是 NGC4038 和 NGC4039 的中心,两个星系的旋涡结构都被破坏,它们的盘面由于碰撞而破碎,大面积的高温尘埃风云滚滚,摧毁或蒸发那里的行星;低温稠密的尘埃云由于碰撞而催生新的恒星。目前,两个星系的外围卷在了一起,如同千军万马冲锋陷阵,这种两个星系短兵相接的局面至少维持9亿年。

这是大尺度的"战场",参与者有球状星团、疏散星团、大质量恒星、行星系统、浓密的尘埃云、中子星、恒星级黑洞,遭遇者甚至可能还有外星

乌鸦星座 NGC4038 和 NGC4039 星系碰撞

人。尽管恒星不如想象的那样稠密,但它们之间的强大引力却错综复杂,两个星系的碰撞还是轰轰烈烈、尘埃迷漫的。

两个星系都被巨大的引力所控制,两个星系快速靠拢,那些质量大的恒星、星团和距离较近的部位引力最大,靠近的速度很快;而质量小的恒星、尘埃和距离较远的部位引力较小,靠近的速度较慢,尘埃和小恒星就落后了,从而两个星系都有一个巨大的尾巴,好像一对美丽的触角,所以 NGC4038 和 NGC4039 星系被称为触角星系。NGC4039 是一个比较小的星系,它没有那么明亮,由黄色恒星组成,无疑比较年老,尘埃非常丰富,下面拖着的大尾巴也非常粗壮。

两个星系的碰撞非常剧烈,整个碰撞区域弥漫在大片的、高温的尘埃云中,两个星系的尘埃云由于碰撞受到挤压。从照片可以看出,两个星系碰撞区域气体和尘埃云相互渗透和挤压,恒星携带着它们的行星系统,从高压、高温尘埃云中穿过,使它们的运动速度、星体结构、运行轨道都发生巨大变化,甚至被蒸发或摧毁。

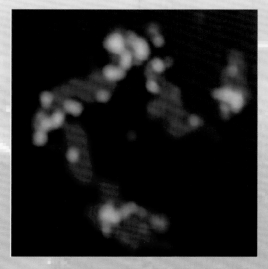

触角星系富含铁、镁、硅区域

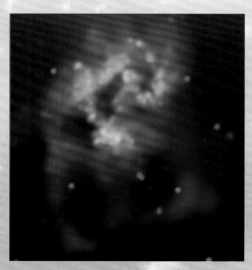

触角星系中心的中子星和黑洞

两个星系中心也要大冲撞。这是一场千军万马的冲突,中心部位恒星与恒星之间的平均距离很小,上千亿颗恒星进行几次高速冲击,冲击现场爆炸当量有几千万亿原子弹当量。恒星密度大的形成大质量星团。小星系所有恒星全部被俘,经过几次反复穿越,最终融合成一个椭圆星系。

我们不知道碰撞区域有没有外星人。哈勃空间望远镜拍摄的照片显示,触角星系富含铁、镁、硅等元素,且富含这些元素的区域非常普遍,红区富含铁,绿区富含镁,蓝区富含硅。铁、镁、硅等元素是形成行星的主要元素。换句话说,触角星系 NGC4038 和 NGC4039 的碰撞,不可避免的行星也参与了。这些行星上可能有外星人。

哈勃空间望远镜拍摄的照片显示,NGC4038 和 NGC4039 星系中心都有一大群中子星和黑洞。这两个星系核心在碰撞的时候,中心的中子星或黑洞必然并合,会发生强大的 γ 射线暴。γ 射线暴是目前天文学家们确认的最大的爆炸,γ 射线有比可见光能量高 1 亿倍的能级。预计触角星系未来的 γ 射线暴,从地球上能看到它的闪光。中国有句名言叫作"祸不单行",说的是灾祸过后,有可能第二次灾难接踵而来,如果某些行星在碰撞的时候幸免,这次 γ 射线暴使触角星系上的外星人第二次受到致命的威胁,很有可能将其灭绝。

银河系的大邻居仙女座星系正在以每秒 140 千米的速度靠近,40 亿年以后与银河系相遇,类似的命运轮到我们。

哈勃望远镜拍摄的长蛇座 NGC3314(左图)显示,一个正面对着我们的旋涡星系与一个侧面对着我们的旋涡星系似乎在相撞。其实,两个星系相距很远,只是它们位于我们的同一视线上,并没有相撞也没有变形。正面对着我们的星系速度很大,不久(1 000 年)这两个星系就会分开。这两个星系颜色相近,尘埃带厚实。

5. 有头有尾的环状星系

如果两个星系质量相差很大,它们侧面相遇,就有可能形成环状星系。

最能说明问题的是哈勃空间望远镜拍摄的 AM0644-741 星系。两个星系不断靠近的时候,小星系离大星系比较近的恒星和气体尘埃受到的引力大,靠近的速度也快,而距离远的恒星和气体尘埃受到的引力小,靠近的速度较慢,从而小星系被拉长了,形成一个带状星流,不规则小星系被拉成一个带状星系。小星系没有与大星系正面相撞,而是围绕大星系旋转,是大星系将它捕获了。如果小星系的速度不够快,离心力小于引力,最终会撞上大星系,像 AM0644-741 星系那样;如果小星系的离心力等于引力,小星系会围绕大星系绕转,像蛇夫座环状星系那样;如果小星系的离心力大于引力,小星系会离大星系而去。

蛇夫座 AM0644-741 星系

蛇夫座环状星系

　　巨蛇座环状星系直径 12 万光年,比银河系还大,中心是由老年黄色恒星组成的星系,外围是年轻蓝色恒星组成的环,两者中间是黑暗的约 3 万光年的空区。黄色星系和蓝色星系原本是两个星系,它们不断靠近的时候,形成一个带状星系。蓝色星系没有与黄色星系正面相撞,而是围绕黄色星系绕转,目前已经转了两圈了,直径在不断减小,是黄色星系将蓝色星系捕获了,预计最终并合,形成椭圆星系,或者形成一个圆环。照片是哈勃空间望远镜 2001 年 7 月拍摄的,距离太阳 10 万光年。

巨蛇座环状星系

室女座 NGC4522 星系

　　室女座 NGC4522 星系外围的带状星系从远处被吸引过来,开始从左侧围绕大星系绕转,绕转速度不够高,离心力不够大,在中心强大引力的作用下,绕转只进行了半圈,星团、恒星就纷纷向大星系掉落下去,使中心椭圆星系汹涌澎湃。小质量星、尘埃气体落在后面形成环。

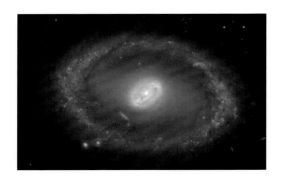

长蛇座 NGC3081 星系与众不同（左图），中心星系与外围星系的质量相差不大，整个区域尘埃与气体浓密，外围星系绕转一圈，头部就进入尘埃云，头部还形成一道"船首波"。中心星系质量较大，在外围星系的拉扯下，也加快旋转，剧烈动荡。

环状星系似乎是有头有尾的，有的头部已经围绕大星系转了一周了，尾部刚刚进入椭圆轨道，如 AM0644-741 星系；有的星系已经围绕大星系转了两圈了，小星系的小恒星和气体像狐狸尾巴那样拖在后面，如巨蛇座环状星系；有的环状星系没有尾巴，那是因为外围的环已经围绕中心的大星系转了好几圈了，尾巴已经融合到环上去了，年龄已经有 3 亿年以上了，如蛇夫座环状星系。

不难看出，环状星系外围与中间明亮的核心本来是两个星系，环状不能理解成是两星系正面碰撞的产物。仔细观察就会看出，大部分中间核心星系并没有大的变形。对比哈勃空间望远镜拍摄的 59 张碰撞星系，没有一个是相撞以后没变形的。

环状星系外部的那个环为什么是蓝色的呢？研究发现，形成环的星系都是比较小、比较老的星系。恒星们在这样的星系中都比较古老。恒星中心 12% 的区域的氢燃料都近乎耗尽。恒星外围区域的氢，由于压力太小，温度偏低，不能进行氢核反应，从而使这些恒星萎靡不振，颜色发黄。不料，这样的星系在运行的过程中进入一个大质量星系的引力圈，小星系在大质量星系强大的引力下，恒星运行出现混乱，引力错综复杂，震荡不可避免，恒星擦肩而过经常发生。在剧烈震荡下，恒星中心 12% 的区域的氢燃料得到补充，从而大放光芒，变蓝变亮。

大熊座 Arp148

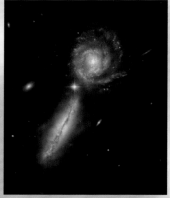

牧夫座 UGC9618

"旋涡"星系 NGC4622

大熊座 Arp148 星系和牧夫座 UGC9618 星系正处于两个星系碰撞前期的状态。四座星系都已经变形。

哈勃空间望远镜拍摄的 NGC4622 旋涡星系显示三条旋臂,被誉为"特殊的旋涡星系"。仔细观测并与正常的旋涡星系对比不难发现,NGC4622 星系不是一个旋涡星系,而是 3 个小星系与中心大星系相遇,被大星系捕获了。靠近核心的土黄色旋臂与外围的两条蓝色旋臂绕转方向相反便是佐证,它与旋涡星系的形成和核心面貌完全不同。研究认为,NGC4622 外围星系将被吞并,形成椭圆星系。

6. 室女座草帽星系

室女座草帽星系 M104 中心是一座大质量椭圆星系。另一座富含气体和尘埃的不规则星系从远处被吸引过来了,经过长途跋涉,距离椭圆星系近的星体靠近得快,距离远的靠近得慢并形成带状,没有直接与椭圆星系碰撞,而是围绕椭圆星系绕转,绕转的离心力小于引力,两者之间只有 2 万光年。不规则星系的大量球状星团、巨大恒星向椭圆星系掉落,而尘埃质量小,引力也小,掉落得慢,这样一圈尘埃带便显现出来。球状星团的掉落激发了椭圆星系的活力。观测表明,尘埃圈内侧存在大量球状星团和巨大的恒星,是上述理论的佐证。室女座草帽星系距离地球 4 600 万光年,直径 8 万光年。

室女座草帽星系 M104

扭曲的螺旋星系 ESO510-13

南天长蛇座 ESO510-13 星系与草帽星系 M104 非常相似,大小有 10 万光年,只是它的一圈尘埃有轻微的自转,围绕巨大的椭圆星系旋转一圈自转两圈,这样的自转是富含气体和尘埃的原星系固有的自转。南天长蛇座 ESO510-13 星系距离地球 1.5 亿光年。

天炉座 NGC922 星系能证明室女座草帽星系 M104 尘埃圈浮在表面的原理:NGC922 星系外围的带状星系从远处被吸引过来,开始从左侧围绕大星系绕转,绕转速度不够高,离心力不够大,在中心

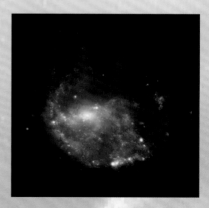

强大引力的作用下,绕转只一圈,星团、恒星以及尘埃纷纷向大星系掉落下去,尘埃质量小,掉落得慢,尘埃环以及气体显现出来,特别是环的右侧,如果侧面对着我们,尘埃圈的颜色会更深。天炉座 NGC922 星系距离地球 1 400 万光年。该照片由哈勃望远镜拍摄的可见光照片与钱德拉 X 射线照片合成。

双鱼座 NGC660 星系,距离地球 3 900 万光年,质量只有银河系的 30%。一座松散的带状星系从左方而来,距离异常的近,将立即分崩离析。由于天体质量、速度不同,有的星体掉向大星系,有的围绕大星系绕转,有的与大星系擦肩而过,扬长而去……

7. 星系的尾巴

如果两个星系质量相差不多,碰撞以前,在两者强大引力的作用下,两个星系快速靠近,两个星系后面都会形成很长的尾巴,老鼠星系就是这样的。

ESO137-001 星系受到巨大星系团 Abell 3627(不在本图视野)的吸引,以每秒1200 千米的速度向星系团冲去,星系前面露出明亮的核心,后面形成 20 万光年的尾

巴,把数百万颗较小恒星甩在了后面。

室女座 IC3418 星系是一个不起眼的椭圆星系,有两个质量核心,是两个矮星系碰撞而形成的,它明亮的核心、蓝色的恒星、活跃的气体、浓密的尘埃,都能证明碰撞已经完毕,整合进入后期,喷出的大量气体环绕星系四周。观测表明,室女座 IC3418 星系正在以 1 150 千米/秒的速度运动,这是它前面巨大星系团施加的引力造成的,是它的高速运行才把小恒星以及气体甩在了后面,形成举世瞩目的尾巴。

观测表明,室女座超级星系团中有很多彼此逐渐靠近、即将并合的星系对,室女座 IC3418 星系是其中之一。室女座超级星系团中的旋涡星系和椭圆星系分布在一个长度很长、宽度很窄的"细丝"上,这就是天文学家们比喻的"一大批星系正沿着公路(Filaments)向星系团中心进发"。

NGC1614 星系由三座星系组成,大星系有中型尾巴,中星系有大型尾巴,小星系有长尾巴。两座较大星系都在大转向,距离很近,小半径大调头,使尾巴蓬松,数亿恒星擦肩而过,数万恒星被甩出。两座大星系并合,对小星系引力加大,令其直线俯冲过来。

天龙座 NGC10214 蝌蚪星系有一个 28 万光年的尾巴,可谓长尾巴之最了,距离地球 4.2 亿光年。一座"松散星系"被一座致密星系引力拖拽,后部形成长尾巴,前部绕致密星系一周,从底部撞击致

NGC1614 星系

密星系。致密星系(头部明亮部分)一反常态,大角度调头,迎接松散星系核心的撞击。尾巴上的两个亮结是松散星系的伴星系。两座星系都大于麦哲伦星系,大于 100 亿倍太阳质量。

室女座 IC3418 星系

蝌蚪星系

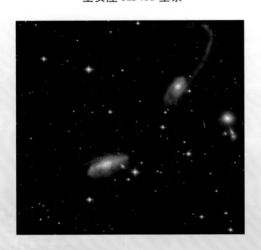

ESO69-6（左图）两座星系的质量相差不多，下方的较大。两座星系进入相互的引力圈，引力使两座星系快速靠拢，把小星系的物质牵引过来形成暗淡的物质桥；当碰撞在一起的时候，由于都是顺时针旋转，未来的椭圆星系会高速旋转。

8. 巨型 10 字星系 Arp147

Arp147 图片是 2011 年哈勃和钱德拉 X 射线望远镜拍摄的，图像由两部分组成，左侧是座椭圆星系，美国宇航局发现椭圆星系中心有一座 200 亿倍太阳质量的巨大黑洞，距离地球 13 亿光年。右侧是正面对着我们的棒旋星系（如同棒旋星系 NGC1097），在星空中组成一个巨大的十字，让人叹为观止。

右侧正面对着我们的是快速移动、高速顺时针旋转的棒旋星系，从中心棒伸出两条旋臂形成一个环。像棒旋星系 NGC1097 那样，这个环是棒旋星系固有的。

不料，这个棒旋星系运动到大质量椭圆星系附近时，在强大的引力作用下，棒旋星系的核心从中心宝座上被拽了下来，并快速向椭圆星系移动，目前被拖到最靠近椭圆星系附近的环上，核心动荡，尘埃弥漫，新恒星不断形成。从它粗壮的尾巴可以看出整个星系原来的位置。

引力大小决定于质量。环状旋臂的质量不足核心的 20%，引力影响较小，但旋臂仍然发生巨大变化，旋臂上 50 倍左右太阳质量的恒星，在震荡的情况下纷纷超新星爆发，星核直接坍缩成黑洞。环上 8 个粉色 X 射线源都是大质量恒星形成的黑洞。

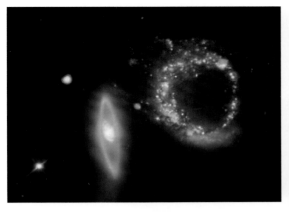

Arp147 星系   NGC1097

　　引力的大小更决定于距离。靠近椭圆星系的那条蓝色旋臂发生了翻天覆地的变化，大质量恒星爆发，大的星团被拉出，蓝色恒星不断形成，整个旋臂剧烈震荡。但是，这条旋臂距离还远，不曾碰撞，只是按顺时针转到了图片的上方。远离椭圆星系的那条蓝色旋臂还没有进入强大的引力圈，仍然无动于衷。

　　两个星系的引力中心是偏上的，椭圆星系的大尾巴就告诉我们它为什么向上窜动，就像一对公麝牛彼此找到最佳位置才碰头。碰撞刚刚开始，整个过程需要10亿年，距离地球4.3亿光年。

　　右侧的那个棒旋星系并没有与左侧的椭圆星系相碰撞，只是不断靠近。左侧的那个椭圆星系非常完整就能证明不曾相撞，如果相撞必然使椭圆星系严重变形。右侧的光环是棒旋星系固有的，只是它的大质量蓝色恒星以及8个粉色黑洞是在强大引力的动荡下新近才形成的。

　　大犬座 NGC2207 与 IC2163
星系（右图）发生碰撞，右面的
星系 IC2163 质量比较小，向大
质量星系快速运动，旋臂已经接
触，尘埃弥漫，小星系的右旋臂
形成尾巴。这两个星系的碰撞
尚处在初期阶段，最终星系中心
相撞，这样短兵相接的局面至少
将维持 13 亿年，最终将形成一

个恒星密集、热气体活跃、高速旋转、具有强烈的射电辐射、中心黑洞合并的轰轰烈烈的大世界。

　　美国宇航局公布了一对相互作用的星系照片，为哈勃空间望远镜庆生。

　　仙女座 Arp273 两个星系相距数万光年，较大的名为"UGC1810"，体积大约是伴侣"UGC1813"的 5 倍。从照片中可以看出大星系高速旋转，快速向左位移，经过小星系时,强大的引力使小星系变形,使小星系向大星系靠拢。小星系的前面引力最大,物质被吸出。小星系后面的恒星和尘埃引力小,形成尾巴。当两个星系相距5万光年的时候,引力破坏星系的结构,大质量恒星从旋臂上被扯出。这两个星系彼此交会而不是并合,它们距离地球3亿光年。

仙女座 Arp273 星系　　　　　　　　　　　NGC6786 星系

　　仙女座 Arp273 两个星系好像一只燕子快速飞过一只蝴蝶,蝴蝶受到(引力拖拽)惊吓,不情愿地改变飞行方向和姿态,身上的蝶粉纷纷掉落。燕子没有捉住蝴蝶,因为两者距离还大。随着时间的推移,燕子飞远了,蝴蝶受伤,不久会恢复常态。

　　NGC6786 也是由两个星系交会,小星系从大星系附近飞过,两座星系都扭曲变形,触发大量恒星形成,引力使旋臂异常。

　　一眼就能看出上述两座星系是交会而不是碰撞,而 NGC 454 星系(左图)就难以判断了,只好利用物理特点来分析:根据美国宇航局测量的数据,左侧椭圆星系距离地球1.65亿光年,与蓝色星系相距40.33万光年,从而确定没有相撞;椭圆星系和蓝色星系都在远离地球,其视向速度椭圆星系为165.96千米/秒,蓝色星系为164.23千米/秒,高速的椭圆星系正在丢下低速的蓝色星系。至此,对 NGC 454 星系可以这样描述:椭圆星系向下高速运动,以及后面蓝色星系的较大引力,使椭圆星系形成一个粗壮的大尾巴;蓝色星系从右向左运动,在椭圆星系的牵引下,产生转向,甩出大量蓝色恒星,也使它的两个伴星系异常。总之,椭圆星系已经从蓝色星系附近擦肩而过了。

9. 被高速气团击中的 NGC1313 星系

网罟座棒旋星系 NGC1313 显得十分松散,大小只有银河系的一半,距离地球 1 500 万光年。

棒旋星系 NGC1313

地面望远镜拍摄的 NGC1313

网罟座棒旋星系 NGC1313 有大量的年轻恒星存在。这些 B 型大质量恒星的寿命只有 2 500 万年,这些大质量恒星的行动不与星系主体协调,形成独立的运动。这充分说明 NGC1313 没有足够大的引力将恒星们长期聚集,在几百万年以前就开始瓦解。除了大质量 B 型星以外,还有大质量 O 型星,在棒旋星系瓦解的过程中推波助澜,纷纷超新星爆发,加速了星系的解体。伴星系 NGC3077 与棒旋星系 NGC1313 同时诞生。

突然天降风云,一大团高速气体云撞上棒旋星系 NGC1313,使之扭曲变形,紧接着大量新恒星形成,其中就有大质量 O 型星、B 型星,它们的高能辐射照亮了这个不速之客——灰蒙蒙的气团。整个棒旋星系充满了气体、尘埃、气体泡、激波前沿、星团、大质量恒星、超新星爆发,使棒旋星系的旋臂七零八落,中心土崩瓦解。

高速气体云撞上棒旋星系 NGC1313,无辜连累了它的伴星系 NGC3077,使之扭曲变形,大量新恒星形成,灰蒙蒙的气团四处笼罩,星体向外运动。

被气体云笼罩的 NGC3077

被气体云环绕的 NGC5907

银河系也有很多这样的气体云,含有大量氢元素的史密斯云米/秒的速度、以45度的倾角向银盘运动。史密斯云是著名的气体云,云中没有一颗恒星,长 11 000 光年,宽 2 500 光年,目前距离银河系 8 000 光年。预计史密斯云将会由椭圆的形状,在银河系引力的作用下被拉长,速度也会有巨大的变化,前端的速度可能达到 2 000 千米/秒,后端也只有 700 千米/秒。史密斯云一旦与银河系相撞,将触发大量恒星形成,为银河系增加亮度。由于史密斯云与银盘有 45 度倾角,预计不会撞向猎户旋臂,应该向人马座方向的银河系中心撞去,其距离地球 2.5 万光年。

10. 车轮星系是怎样形成的

车轮星系直径 15 万光年,是银河系的 1.5 倍,位置在玉夫星座,距离地球 5 亿光年。

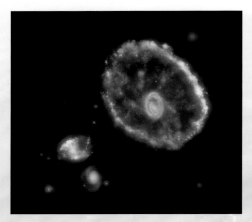

车轮星系

巨蛇座 NGC6118

车轮星系原本是一座旋涡星系,四个旋臂,如同巨蛇座 NGC6118 星系,质量与银河系相当,约由 1 500 亿颗恒星组成。不料十几亿年以前,一个比大麦哲伦星系大 5 倍的、不规则的、由 500 亿颗恒星组成的星系快速向旋涡星系靠近,如同 Arp256 星系。

鲸鱼座 Arp256 由两个星系组成,右边的星系质量巨大,向下运动并远离地球;左边的星系原本是座不规则星系,在大星系的引力下快速靠近,目前两个星系中心仍然有 200 多万光年的距离。可是,带状星系的小龙头离大星系比较近了,它的尾巴显示其不断变换方位,高速爬升,未来会像车轮星系那样环绕右侧大星系绕转。

一般来说,两个星系亲密接触,要么两者距离较远擦肩而过,要么两者距离较近小星系环绕大星系旋转,车轮星系就是这样的。

车轮星系外围的不规则星系在旋涡星系的引力下被拉长了,形成带状星系。这个外来星系没有直接撞在旋涡星系上,相距仍有 7 万光年,带状星系开始环绕旋涡星系绕转,目前已经转了好几圈了,尾巴已经融合到恒星环上去了。恒星环上的明亮部分是不规则星系核心,蓝色部分是不规则星系被拉长的外围。

车轮星系与众不同的是外围的那个不规则星系质量很大,引力也很大,它竟然将旋涡星系的四个旋臂拉直,旋涡星系的核心也有翻天覆地的变化,旋转速度也加快了。

外来星系的介入,使车轮星系质量比原来的旋涡星系增大了三分之一,无辜连累了两个伴星系,那个棒旋星系的一条旋臂被拉直,旋臂上的星团也被拉飞了。那个绿色的旋涡小星系也一反常态,向车轮星系快速运动。

由于整个星系引力错综复杂,运动发生变化,环状星系中大质量恒星纷纷超新星爆发,形成黑洞。人们没有看到它们爆发,但钱德拉 X 射线望远镜发现 20 个 X 射线源(左下图),那是恒星级黑洞在吞噬物质。斯必泽红外望远镜发现有过量的红外辐射(右下图),说明那个碰撞星系温度很高。

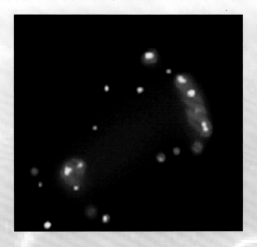 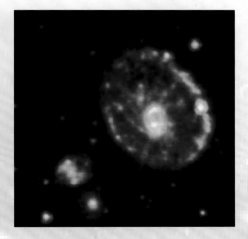

11. 三口之家

仙王座阿普 194 从碰撞开始到目前已经经历 5 亿年了,图片上部两个星系核心不断靠拢,两个星系核心的物质已经连在一起了,很多恒星和尘埃从原来的位置上抛出,尘埃中形成新的蓝色恒星。人们能够看到两个星系的旋臂、尘埃带杂乱无章,盘面几乎全部破坏,新恒星群形成带状。最大的受害者是这个碰撞星系的伴星系,它被剥得只剩星系核(右面的小星系)了。

图像下边的那个星系是"第四者",它离碰撞星系不远,被两个碰撞星系抛出的物质(喷流)击中。因为这个"第四者"也已经进入碰撞星系的引力圈,它已经严重变形,不断向碰撞星系靠拢,引力激发了它的活性,靠拢速度增加了,旋臂向后疏散了,已失去自由了,蓝色新恒星火爆形成,尘埃也形成巨大的旋涡。

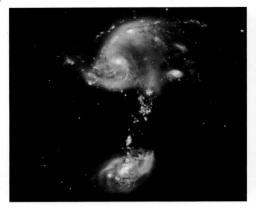

仙王座阿普 194 星系　　　　　　　　　　　室女座 NGC5679（Arp247）

这四个星系的范围有 10 万光年,距离地球 6 亿光年,与众不同的是蓝色物质喷流,物质喷流中的结点是一个个由几百个年轻恒星组成的星团。喷流的能量非常巨大,仙王座阿普 194 喷流击中第四个星系产生 1 000 光年的痕迹。

室女座 NGC5679（Arp247）由三个星系组成,其中最大的 NGC5679A 星系年纪比较大,富含气体和尘埃,星体物质雄厚,有一颗明亮的心,两条巨大的旋臂从棒状核心两端展开,像个巨大的手臂挽住年轻的伙伴。Arp247 距离地球 3 亿光年。

较小的 B 星系是十分活跃的年轻星系,这个蓝色小伴儿夫唱妇随,手挽手,心平气和,双方手臂勾得很紧,甚至已经有了变形。蓝色星系中心棒正在形成,双方的引力正在加强,以至旋臂末梢新恒星不断形成。

照片左侧是最小的棒旋 C 星系,虽然不在室女星座,距离较远,但仍然受到引力的束缚,大星系的手臂牵引着它,使它像个孩子那样活蹦乱跳。一张照片三个棒旋星系十分罕见,像是一个三口之家,丈夫老练,妻子美丽,孩子活跃。三个星系覆盖 20 万光年,是银河系的两倍,好大的家庭,难怪有两颗明亮的前景恒星为他们照明。

● **NGC6050 三个星系的碰撞**

武仙座 NGC6050 与 IC1179 以及另外一个小星系发生碰撞(右图),三个星系的旋臂都已经连在一起,右侧的中等星系受到的影响最大,旋臂上的蓝色星团被抛出,被抛出的恒星就不计其数了。最后三个星系的核心也要强烈碰撞,融合成一个非常活跃的椭圆星系。这个过程预计需 15 亿年。它们距离地球 4 500 万光年。

● **三座星系的碰撞**

海豚座 Zw Ⅱ 96 星系(左下图)上面的两座星系正在碰撞,下面的第三座星系也调头向它们撞去。该星系距离地球 5 亿光年。

 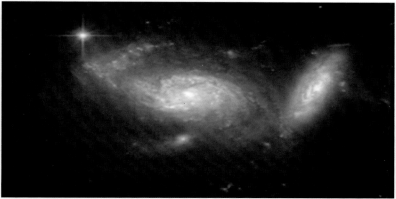

　　ESO550-2 星系（右上图）右面是一座较大的星系，与旋涡星系刚刚接触就把右旋臂给吃掉了。一眼就能看出碰撞星系成员的质量哪个更大：那个稳如泰山的、动作比较小的无疑是质量比较大的星系，那个变化比较大的、有长尾巴的星系质量是比较小的。

　　IRAS 21101 星系（左上图）最左面的星系从远处高速俯冲，"越过"一座棒旋星系，俯冲到最低点，大调头，向一座水平星系的头部撞去，两条潮汐尾依稀可见。

　　牧夫座 VV705（右上图）由两座质量相近的星系构成，VV705A 由左向右运行，VV705B 从上向下运行，不料几亿年以前，两者进入相互的引力圈，产生翻天覆地的变化：水平运行的 A 星系立即改变运行方向，来了一个 180 度的大转弯，小半径调头，将它的许多恒星、星团甩了出去，它的尾巴、落后的恒星以及明亮的中心都历历在目。B星系也不示弱，快速俯冲到最低点，小角度调头，直奔 A 星系核心。两座星系经过复杂的运动调整，找到最佳撞击点，目前两个明亮的星系核心仅相差 1.5 万光年。

一座巨大的旋涡星系 NGC4911（下图），在运动的过程中掉进了后发座星系团，受到临近星系的巨大引力而变形。特别是那个黄色的椭圆星系使这个旋涡星系失去了外层，失去了卫星星系，右旋臂也被扭曲。

12. 大尺度星系团碰撞发现暗物质

宇宙大舞台上的主角——暗物质一直没有走上台面，天文学家们费尽心思也没能使主角亮相。几十年以前，天文学家们就提出暗物质的概念，最早的是瑞士天文学家弗里兹·扎维奇，他发现大型星系团中的星系都以极高的速度运行，单靠可见物质的引力，星系就会散开，一定有大量的、不看见的物质引力束缚着它们。这是人们第一次论述暗物质存在。后来 WMAP 探测器和斯隆数字巡天 SDSS 确定暗物质占宇宙总物质的 23% ±4%。

阿贝尔 1689 星系团中的暗物质　　　　　　船底座 1E0657-56 星系团暗物质星系

暗物质的特点是：（1）不可见，不发光也不吸光，暗物质粒子不与可见物质粒子发生作用。（2）暗物质粒子与暗物质粒子彼此之间也不发生作用，相互穿过，彼此互不碰撞，也不摩擦，更不发生核反应。（3）由原子组成的可见物质感受引力，暗物质也感受引力，并发出引力。暗物质不参与电磁作用。（4）远处星光通过大质量暗物质附近时，在暗物质的强大引力下，光线会产生扭曲，星光穿过浓密的暗物质时会产生"透镜效应"。（5）暗物质在宇宙中的存量很大，约有可见物质总和的 5 倍有余，可见物质就是我们看到的这个宇宙。如果你设计出一种暗物质探测器，发现暗物质确实的证据，或者得到一袋子暗物质，那将是 21 世纪最大的发现。

最近，天学家们在观测船底座 1E0657-56 星系团大碰撞的时候，发现两个巨大的星系团以 5 600 千米/秒的速度相撞（地球上炮弹的速度 1 000 米/秒），形成一个像子弹头似的高压、高温气体云。星系中的星体从气体云中穿过，产生摩擦而减速，而星系团中的暗物质，由于不与可见物质发生作用而仍按原速度运行。这样，两个星系的暗物质仍然按原来的速度运动，而星系中的可见星体却减了速，暗物质与可见物质分开了。

钱德拉空间望远镜拍摄的照片显示，红色子弹头是正常物质区域，蓝色区域是暗物质区域，形成两个暗物质星系。由于暗物质的引力作用，远处恒星光线通过蓝色暗物质附近时，光线产生了扭曲，说明星系团周围蓝色区域就是大质量暗物质。船底座子弹星系团距离地球 1 亿光年。

两个碰撞星系的暗物质（蓝色区域）毫无阻拦地向两旁运动，形成了两个几乎完全由暗物质组成的、只有少量恒星的、没有气体的"暗物质星系"。但是，暗物质感受引力，在强大的可见物质形成的星系团（红色区域）的引力下，不断减速。暗物质也发出引力，吸引碰撞后形成可见星系团；在双重引力作用下，又以高速度与可见星系团并合并穿过可见星系，使两个暗物质星系相撞，因为暗物质相互穿过，彼此互不影响，甚至可能左右暗物质星系的位置互换，在引力的作用下，然后再猛烈反弹，这样递减震荡反复几次。MACS J0025.4-1222（右图）碰撞事件，也为宇宙暗物质的存在提供了线索。暗物质疑问很多。

13. 星系碰撞大调头

天龙座 NGC6622 是一座质量巨大的星系，侧面对着我们。一座较小星系 NGC6621 在运动的过程中，进入巨大星系的引力圈。它拖着长长的恒星尾，先是环绕，然后调头撞击大星系，小星系的尾部甩出无数恒星与星团。撞击的头部只接触到大星系外围，尘埃被挤压，恒星震荡形成蓝色恒星，距离地球 3 亿光年。

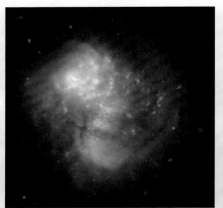

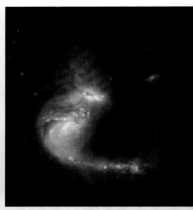

　　IC2545(左上图)也由两个星系组成,右侧的小星系也照样俯冲下来,俯冲到最远点,开始小半径大调头,甩出很多星体(如果银河系来一次这样的大调头,我们会怎样? 40亿年以后就有一次。)它们直奔大星系稠密区,两条潮汐臂(尾巴)依稀可见,尘埃弥漫。蓝色大星系质量很大,是银河系的2.6倍,受到右侧星系的影响,也有惊心动魄的变化。该星系距离地球4.6亿光年,以716千米/秒的速度向银河系方向运行。

　　一座小星系与它的蓝色小伴儿快速飞行,当它们运行到IRAS F10565大星系附近时,蓝色小伴儿被大星系的引力捕获。左侧黄色星系为了"营救"自己的蓝色小伴儿,调头冲了过去,无奈它也被这座大星系捕获了(中上图)。

　　UGC4881星系(右上图)碰撞得更为剧烈,星系中心都非常明亮,一般都是老年恒星。它明亮的原因是在碰撞过程中,恒星不可避免地产生震荡,恒星中心的燃料得到补充,从而变蓝变亮。

　　白羊座Arp78由两座星系组成,一座是黄色老年星系,直径10万光年,质量与银河系相当,由2 000亿恒星组成,有明亮核心,有大量的尘埃,结构紧密。

不料，一座500亿太阳质量的外来星系（其中可能包含大量暗物质），进入黄色星系的引力圈，在强大引力的作用下，从远处高速俯冲下来，形成带状星系，最右边的模糊弧线就是外来星系的运行轨迹。外来星系的高速俯冲连累了黄色星系，从黄色星系中拽出大约200亿倍太阳质量的物质与外来星系结伴俯冲，被拽出的大质量恒星受到引力拖拽，不断震荡，恒星中心氢燃料得到补充变蓝变亮，独臂外围被大星系的尘埃带遮蔽，形成一个蓝、黄相间的独臂，独臂星系十分罕见。

外来星系俯冲得越来越远，受到黄色星系引力影响，速度越来越低，渐渐被瓦解，有的开始大转向，损失大量物质，特别是调头处丢下很多物质，甚至一小部分星体奔向最左边的红色伴星系，外来星系质量大减，独臂会越来越短，直至恢复常态。

14. 螳螂捕蝉黄雀在前

中国有句名言，唤作"螳螂捕蝉黄雀在后"，说的是螳螂全神贯注捉蝉，黄雀在后面也全神贯注地捉拿螳螂，比喻只看到前面有利可图，不知道灾祸接踵而来。宇宙中也有这样的事，唤作"螳螂捕蝉，黄雀在前"。

宝瓶座Arp295星系由三座星系组成，最后面的细长的"螳螂"全力以赴地奔向前面圆乎乎的"蝉"。它们的尾巴不是喷射出来的，而是高速运行并将小恒星和尘埃丢下的，如彗星那样。左上角的"黄雀"张开一张引力大网，等待它的美食。

宝瓶座 Arp295 星系

NGC6670星系中的"蝉"已经被引力拉长，进入"黄雀"的大网。"黄雀"受到撞击，震荡，变蓝变亮，后面的"螳螂"紧紧跟上。ESO255-7星系的"黄雀"（最下面），眼见得"螳螂"和"蝉"进入它的引力圈而兴高采烈。

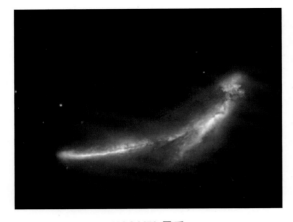

NGC6670 星系

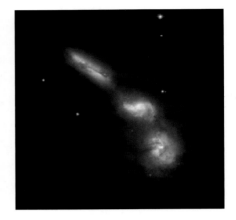

ESO255-7 星系

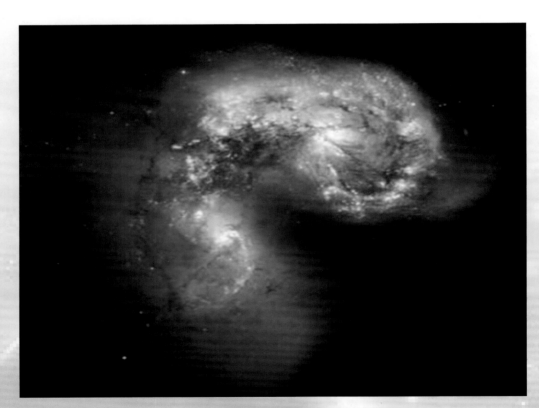

乌鸦星座 NGC4038 和 NGC4039 星系碰撞

四、银河系这样毁天

1. 银河系是第一代星系

宇宙诞生时产生的化学元素只有氢、氦和锂,约有 2×10^{50} 吨,以及比这个数字大 6 倍的暗物质、大 17 倍的暗能量。根据威尔金森宇宙微波背景辐射各向异性探测器(WMAP)对宇宙参数进行的精确测量,宇宙诞生 4 亿年以后,背景辐射温度降到 28.8 开尔文(此温度被认为星体最容易形成的温度),在万有引力作用下,一团团由氢、氦和锂组成的气团在宇宙中运动,气团中形成第一代恒星,4.7 亿年出现第一代星系,这时银河系诞生了。银河系被誉为"宇宙的支柱",其实它只是一座中等的星系。

如何知道宇宙诞生时产生的化学元素只有氢、氦和锂,约有 2×10^{50} 吨呢?

贫金属星能证明宇宙大爆炸产生的化学元素只有氢、氦和锂。如御夫座 SI020549 恒星、凤凰座 HE0107-5240 恒星、长蛇座 HE1327-2326 恒星,它们的金属丰度不足太阳的二十五万分之一,它们的年龄都是 132 亿岁(宇宙年龄 137 亿岁),它们在 132 亿年前的原始星云中诞生,这说明 132 亿年以前,原始星云中只有氢、氦和锂。这些贫金属星的质量只有太阳的 0.7,恒星本身不能产生比氢重的元素。

目前,宇宙的质量是 10^{23} 倍太阳质量,太阳质量是 1.989×10^{27} 吨。两个数的乘积比 2×10^{50} 吨稍小。其余的质量已经变成了能量,如光辐射等。

银河系恒星的形成:130 亿年以前,银河系区域的恒星大量形成。这些恒星有的现在仍然存在,质量较小,寿命很长。那些质量较大的恒星,20 ~ 150 倍太阳质量的在宇宙初期比比皆是。大质量恒星核心的温度最高,压力最大,核反应最剧烈,经过四个氢原子聚变成一个氦原子的反应,三个氦原子聚变成一个碳原子的反应,这些核反应程序丢失千分之八的质量而转换成能量,使星中心温度不断提高,从而大质量恒星引发碳的核聚变、氧的核聚变、硅的核聚变……恒星质量越大,形成的化学元素越靠后,产生 100 多种化学元素。大质量恒星几亿年到十几亿年就超新星爆发。超新星爆发是恒星分崩离析的爆炸。当时宇宙中的超新星爆发此起彼伏,十分明亮,恒星中心

产生的100多种化学元素以及没有用完的氢撒向空间,是第二代恒星、行星的原料。

尘埃的形成:恒星时代初期,我们的宇宙非常清亮,大质量恒星产生100多种化学元素以及它们的副产品(如二氧化碳、硅酸盐等)洒向空间形成尘埃,宇宙大爆炸7亿年以后就有了星际尘埃,尘埃物质很快布满全宇宙,使我们的宇宙暗淡了、浑浊了。银河系也尘埃弥漫了。

银盘的形成:宇宙的银河系区域形成的数以亿计的恒星有疏有密,密的区域在人马座方向,形成质量中心,在质量中心的引力作用下,恒星们向质量中心移动,围绕中心旋转,向质量中心掉落(其实是在收缩),慢慢地形成一个体育用的铁饼状的银盘。这就预示着银河系在高速旋转,否则它应该是一个团块。当它正面对着我们时,看上去是圆的;侧面对着我们时,看上去就是一个中心突起的长条。那个突起部分在人马座方向是一片明亮的核心。核心恒星很密集,外围就稀疏了。NGC300(上图)很像银河系初期的正面,大量蓝色恒星、大量红色星团历历在目。

旋臂的形成:银河系初步形成以后,中心高速旋转,它的外围也跟着高速旋转。银河系核心高速旋转使星系盘中的气体、恒星、尘埃形成"密度波",就像一盆水中心高速旋转外围形成几个密度波那样。不论银河系是四个还是五个密度波,密度波中的物质不可避免地受到挤压,形成新的恒星、气体、尘埃并组成旋臂。两个密度波之间密度不大,形成的恒星很少。旋臂上的恒星大都是高温蓝色恒星,比核心恒星年轻,表明先有核心旋转,后有旋臂形成。

猎犬座M106星系(右图)有四个旋臂,两个旋臂已经形成,另外两个旋臂还是由浓密尘埃、稀疏恒星组成的旋臂,相信不久就会形成由巨大蓝色恒星和星团组成的旋臂。M106星系右下角是卫星星系NGC4248,距离地球2 100万光年。M106星系中心非常明亮,周围物质非常稠密,中心黑洞饱食终日,强烈的X射线闪烁,一条3万光年的

喷流从中心射出。别看它只有银河系的1/3,活跃程度却超过银河系。M106星系能显示银河系旋臂形成的过程。

那么,椭圆星系M87也在高速旋转,它将来也要形成旋臂吗？如果把银河星系盘比喻为一盆水,那么,椭圆星系M87就是一个铁疙瘩了。把一个铁疙瘩放在真空里,不论它怎么旋转,也形成不了密度波,也形成不了旋臂,因为椭圆星系M87外围没有什么气体、恒星和尘埃。

中心黑洞的形成:银河系第一代大质量恒星疯狂地消耗恒星中心的燃料,制造出很多种化学重元素,不久就超新星爆发了。超新星爆发以后恒星核心的物质猛烈收缩、坍缩,直接坍缩成黑洞。黑洞们受到银河系质量中心的引力,数以万计的恒星级黑洞向银河系中心运动、并合,形成大的银河系中心黑洞。

钱德拉X射线天文望远镜发现,银河系核心附近聚集着2.4万个小质量黑洞(照片上的红点),这些小黑洞是大质量恒星爆发以后形成的,是在几十亿年内移居到银河系中心的。在不到3光年的范围内,有2.4万个黑洞已经被银河系大黑洞俘获,预计在100万年以内,被银河系大黑洞并合。这个信息能告诉我们银河系中心的大黑洞是怎样形成的。目前,银河系中心大黑洞的质量为太阳的64亿倍。

中心棒的形成:宇宙中物质的形状大都是圆形或椭圆形。银河系核心怎么会有个"棒"呢？银河系两条主旋臂是从离银河系核心约3 000秒差距之远伸出来的(0.307秒差距=1光年=6.324万天文单位)。银河系中心不像标准的旋涡星系那样有一个球状核心,而是由年老的、偏红的恒星组成的棒状核心,棒的长度约2.8万光年,棒的方向与太阳和银核之间的连线成45度角,棒的两头连接着主旋臂。

银河系中心有两个质量核心,中心棒是由数以万计的年老恒星组成的,它们围绕星系中心作长椭圆轨道运动。因为银河系有两个质量核心,那些老年恒星的轨道受到两个质量核心的强大引力影响,轨道被拉长了,被两个核心的摄动"理顺"了,方向一致了,从远处眺望就成了"中心棒"了。

研究发现,红色旋涡星系有中心棒的概率比蓝色星系高2倍。那是为什么呢？红色星系由低温老年恒星构成,恒星的形成过程大部分已经结束;蓝色星系大部分由高温年轻恒星组成,大量的新恒星正在形成。这就暗示有球状核心的旋涡星系先形成,而中心棒是后来在旋涡星系中心形成的。某些旋涡星系吞并伴星系以后,有两个质量核心,经过几十亿年的演化,形成有中心棒的星系。只有一个质量核心的旋涡星系不会形成棒旋星系,而新形成的蓝色星系一般只有一个质量核心,第二个核心是后来形成的,是并合了伴星系以后形成的,所以红色旋涡星系有中心棒的概率就大。下一个与银河系并合的是大麦哲伦星系,距离银河系16万光年,直径是银河系的1/20,恒星数量约100亿颗,围绕银河系做长椭圆轨道运动,每一次接近银河系,大麦哲伦星系都会有翻天覆地的变化。

太阳的形成:银河系有2条主旋臂组成的5条支旋臂,它们是:英仙臂,人马臂,半人马臂,矩尺臂,第五个旋臂是大旋臂分支猎户臂。

太阳

在猎户臂附近,距离银河系中心约3万光年,有一小团第一代恒星或第二代恒星超新星爆发时喷出的气体尘埃云,金属丰度非常可观。这个气体尘埃云在旋转的过程中中心部分体积不断缩小,密度不断增加,压力不断增大,温度不断提高。当温度达到100万摄氏度时,氢的同位素氘(一个质子,一个中子)开始核反应,但物质中氘的含量很少,氘的燃烧只能维持10万年。当中心温度达到1 500万摄氏度时,中心密度有110倍水的密度,中心压力几百亿大气压,引发氢的核反应,最终形成了太阳。气体尘埃云的外层,我们称它"原始行星盘",在旋转的过程中,形成许多互相扰动的旋涡,旋涡彼此相遇并合。大约经过4亿年的演化,最终形成大小不同的八大行星、四大类冥行星。

为了证实太阳的形成,通过赫歇尔空间天文台可看到一颗恒星的形成:在北美星云中,一颗恒星HBC722仍在尘埃盘中,一些物质不断落入这颗恒星,与星云中的其他恒星没有特别之处。突然,它2010年6月开始增亮,比平时多出几十倍的物质流量倾泻到这颗恒星上。2010年9月这颗恒星增亮20倍,接着释放出大量的热量,人们又一次看到恒星的形成,与太阳的形成没有本质的区别。

我们地球人在最近的几万年里,没有能力发射一艘宇宙飞船飞出银河系,来给银河系拍照,得到一张银河系全景照片,因为飞出银河系的极限速度是330千米/秒,超出这个极限速度的宇宙飞船,才会逃离银河系。我们的太阳运转速度是230千米/秒,永远也飞不出银河系。美国的宇宙飞船"旅行者1号"以17千米/秒的速度飞行,"旅行者 2 号"以 16.7 千米/秒的速度飞行,也永远飞不出银河系。

银河系确实有这样的高速星,天文学家米塞卡(Miczaika)编了一个快速星表,成员星就有 600 颗。编号 B1508 恒星正在以 1 100 千米/秒的速度逃离银河系,它是超新星爆发后被抛出去的一颗脉冲星。

● 银河系的智慧生命

人类是组成银河系的重要部分,也是最脆弱的部分。根据美国科学家费兰克·德勒克的"存在智慧生命行星数量方程",通过计算,银河系有智慧生命的星约有 8 000 万颗,约占银河系恒星数量的万分之四,银河系每 1 万颗星中平均就有 4 颗居住着外星人。天气晴朗的夜晚,我们用肉眼能看到天上的星只有 6 000 颗,其中一半在地平线以下,我们用肉眼看到成千上万的星,已经感到无限多了,但平均只有 1 颗星有外星人。宇宙中的人类如此珍贵,那些不珍惜自己的生命或剥夺别人生命的人,是不符合天意的。

银河系存在智慧生命的星有 8 000 万颗,无论这个数字是否正确,至少有一颗星,在银河系猎户臂附近、离银河系中心 3 万光年的恒星周围肯定有智慧人类,他(她)们利用聪明的大脑和先进的技术研究银河系,并取得进展。

开普勒空间望远镜对 15.6 万颗恒星进行观测,识别出 1 235 颗行星,其中地球大小的行星有 68 颗,5 颗位于宜居带。银河系也是有宜居带的。

● 银河系的水世界

银河系第一大元素是氢,第二大元素是氦,第三大元素是氧,第四大元素是氮,第五大元素是碳,有大量的氢和氧,有大质量恒星发出的紫外线。我们的银河系是不缺少水的,也不缺少二氧化碳。星云中弥漫着这些元素。

人类生命的六大基本元素是氢、碳、氮、氧、磷、钙,这些物质在宇宙中排位名列前茅,暗示宇宙有众多的智慧生命。

水是又简单又小的独特分子,两个氢原子一个氧原子,以 104.5 度呈角分布,一个大气压下 100 摄氏度沸腾,非常稳定。如果氢、氧原子不呈角分布,它的沸点应该是 −65 摄氏度,地球就不会有液态水。液态水对地球人和外星人来说是最好的物质,没有人能够找到液态水的替代品。液态水被称为万能溶剂,生命所需的元素和物质都能溶解,溶解度不多也不少,并进行新陈代谢,没有水就没有生命,所以有人说"人类是水做的"。格利斯 581C"宜居行星"有浓厚的二氧化碳大气层,其造成的温室效应使水足以形成海洋。上图为富含水的弥漫星云 NGC604。

银河系吞并矮星系:银河系曾经吞并过很多矮星系,这就意味着银河系第二个核

心的来源(仙女座星系也有两个质量核心)。银河系也使最大的伴星系大麦哲伦星系变形。大麦哲伦星系质量有60亿倍太阳质量,由100亿颗恒星组成,直径有3万光年,光度是银河系的1/10。它沿着高度偏心的轨道围绕银河系运动,它的高度偏心轨道预示着大麦哲伦星系将被银河系吞并。

过去,银河系曾经吞并过数十个矮星系。银河系有十几个由恒星组成的星流,是矮星系被银河系潮汐力撕裂造成的。最典型的人马座星流约有1亿颗恒星,跨度约100万光年。

银河系变得安静了:银河系的中心物质非常密集,具有强大的引力,从那里发出强大的X射线闪烁,那是银河系中心黑洞正在一小口、一小口地吞噬物质。银河系中心黑洞在上百亿年的时间里,已经极大地吞噬掉了它中心的物质而处在饥饿状态。一股3倍地球质量的气团正在高速向银河系中心黑洞运动,这个气团只是银河系中心黑洞的一次午餐。这个气团的主要成分是氢和氦,温度280摄氏度,前部边缘已经被撕裂。如果银河系一年只吃3倍地球质量的物质,只相当于一个人每周只吃一个馒头。

把银河系与其他星系比较时,发现银河系中心比其他活动的星系安静得多,把那些剧烈活跃的星系核心叫作AGN(Active Galaxy Nucleus)。AGN一般比银河系中心每秒辐射的能量要高很多倍,光学波段能量是银河系中心的几十倍,X射线波段能量和射电波段能量是银河系中心的几十万倍。

有剧烈活跃的星系核心的星系有圆规座圆规星系、大熊座NGC3079星系(左图)等。剧烈活跃的星系核心都有一个大质量的黑洞,黑洞的质量一般是太阳质量的100亿倍,超大质量黑洞竟然是太阳质量的200亿倍。当大质量的黑洞吸积物质的过程中物质落入黑洞时,物质围绕黑洞旋转,"摩擦"失去角动量,产生巨大热量。计算显示,只要每年有15倍太阳质量的物质落入黑洞,落入黑洞质量的10%转换成能量,就能提供我们观测到的剧烈活跃的星系核心的能量辐射。

这说明银河系在上百亿年的

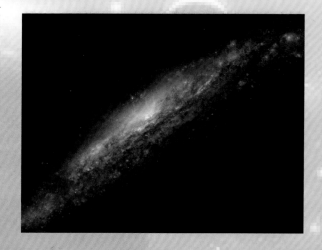

时间里,银河系中心黑洞已经极大地吞食掉了它附近的物质而处在饥饿状态。银河系由 2 000 亿颗恒星组成,一个棒式核心,几千个气体云。银河系"心平气和",400 年没有爆发超新星,每年只诞生 5 个太阳,100 万年也不曾诞生一颗 O 型星(银河系 O 型星年龄都超过 100 万年)。如此安静的星系,预示着智慧生命应该诞生在这里。如此安静的星系,并不意味着银河系正在步入暗星系行列。

超过 3 万摄氏度的 O 型星最亮,质量最大,最容易被发现,是"羊群"中的"骆驼",但距离太阳 1 000 秒差距的范围内一颗 O 型星也没有。星系中的 O 型星有多少,标志这个星系的活跃程度。然而,欧洲南方天文台红外巡天望远镜对银河系空无一物的区域进行观测,发现被尘埃遮蔽的 96 个疏散星团中,每个疏散星团都是独立形成的,相互影响很小,比地球上的岩石还年轻。每个疏散星团约有恒星 20 颗,每颗恒星质量只有太阳的 0.5 倍,亮度被尘埃消弱得只剩 1 亿分之 1。相信这样的星组成的疏散星团一定很多。小恒星不断诞生,大恒星不再诞生,说明银河系步入安静状态,没有步入暗星系行列。

2. 仙女座星系

仙女座星系(M31)肉眼可见,直径 22 万光年,1.2 万亿倍太阳质量,还管辖着两个子星系 M32 和 M110,卫星星系 NGC185、NGC147。年龄 110 亿年。

仙女座星系有一个近似圆形的核心和对称的旋臂,吸光物质弥散在旋臂附近,自转周期约 2 亿年。仙女座星系与银河系的距离 250 万光年。我们现在看到的仙女座星系,是我们人类刚刚诞生时发出的光线。它现在什么样,要再等 250 万年以后,我们的后代才能看到。用现代大型望远镜在那里找到的各类天体,在银河系里都能找到。仙女座星系的形态、四个臂、核心都与银河系相似,人们把仙女座星系和银河系叫作姊妹星系。仙女座星系有一个直径 8 万光年的同心尘埃环,大量恒星在那里形成。尘埃环的形成可能与碰撞有关。

观测表明,仙女座星系有 460 个球状星团,都在按照不同的速度向中心运动,最亮的球状星团 S321,比银河系最亮的球状星团人马座 ω 亮 2 倍。

观测表明,仙女座星系也有两个质量核心,一大一小,相距 1.5 秒差距,哈勃空间望远镜已经证实。这意味着仙女座星系中心可能形成一个棒,过渡到棒旋星系。天文学家们发现仙女座星系的 14 个卫星星系,最大最亮的是 M32 和 M110,M32 和 M110 都在以长椭圆轨道围绕仙女座星系运动,它们正在与仙女座星系并合。仙女座星系正在以每秒 140 千米的速度靠近银河系。

仙女座星系的两个核心　　　　　　　　　　　　　　M32 星系

M32 是一个矮星系,它的亮度之高很不寻常,如果它和仙女座星系距离我们一样远,那么它的恒星密度极高,那是不可思议的;如果它是一个背景星系,就不是仙女座星系的子星系。因为 M32 重叠在仙女座星系盘面上,要把两个星系分辨出来极为困难。美国天文学家是这样解释的:M32 是一个庞大的星系,由于与仙女座星系非常靠近,M32 星系的 90% 外围恒星被更强大的仙女座星系掠去,露出极亮的星系核心。大型望远镜拍摄的 M32 照片显示,它的外围恒星并没有被掠去。M110 比较疏松(仙女座星系照片右下角),是个矮椭圆星系,亮度低,无黑洞,能观测到 8 个球状星团。

至于 M110、NGC185、NGC147 等卫星星系,它们到地球的距离与仙女座星系相同,是无可非议的伴星系,只有 M32 星系有疑问。仙女座星系离我们 250 万光年,有些比较暗的矮星系还没有被发现,仙女座的伴星系不会少于银河系。

本星系群(银河星系团)包括仙女座星系、银河系、M33 星系等 50 多个星系。本星系群是室女座星系团的伴星系群。室女座星系团有银河系大小的星系 2 500 个,矮星系数以万计。室女座星系团产生的引力将银河星系团拉向它的怀抱。室女座星系团正以 1 150 千米/秒的速度远离银河系,目前它离银河系越来越远。

其实,从室女座星系团的角度来看,银河系正以 1 150 千米/秒速度远离室女座星系团,银河系远离室女座星系团的速度正在减慢,人们把退行速度减少的那个量说成是"落到室女座星系团中去"的那个量。就像我们往天空抛一块石头,看上去石头确实在远离地球,但是在地球引力的影响下,石头向上的速度不断减慢,我们把减慢的那个量说成"落到地球上去"的量,最后还是落到地球上来了,比喻的那块石头就是银河星系团(好大的石头)。银河系在室女座星系团的外围,相互之间受到影响是可以理解的。室女座星系团的引力非常巨大,是这个巨大的引力减缓了银河系的退行速度。

室女座星系团非常巨大,如果把银河系比作一个体育比赛用的铁饼的话,那么室女座星系团就相当于足球场。

3. 银河系与仙女座星系的碰撞

仙女座星系以140千米/秒的速度靠近银河系,40亿年以后相遇(图片来自NASA)。

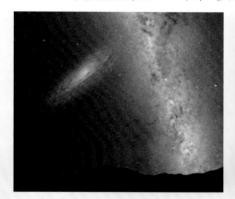
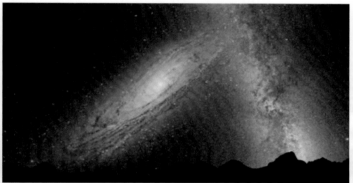

几十亿年以后,在巨大的银河系一侧出现一个巨大的旋涡星系。那个旋涡星系就是仙女座星系,它不断靠近,亮度不断增加,连尘埃带也能看清。

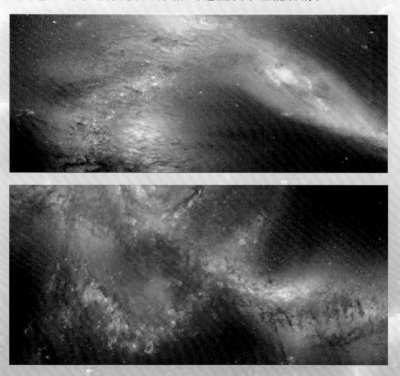

不出所料,仙女座星系以45度角撞向银河系。在引力和惯性的作用下,两个星系互相反复穿越,幅度不断递减。

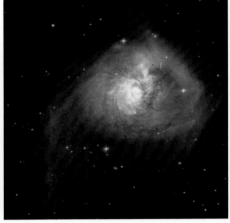

在相撞现场,恒星携带着它们的行星系统,从高压、高温尘埃云中穿过,使它们的运动速度、星体结构、运行轨道都发生巨大变化,甚至被蒸发或摧毁。新恒星在外围大规模形成,相互穿越,撞个满怀,擦肩而过,如同千军万马的冲突,爆炸当量有几千万亿原子弹当量。最终,仙女座星系将与银河系融合成一个椭圆星系。

NGC3256星系(右上图)是由巨大的旋涡星系碰撞形成的。明亮的核心,环状的尘埃,四个粗壮的尾巴,并不混乱的形状,它们分别代表着仙女座星系、M110星系、银河系、大麦哲伦星系……没有一个区域代表我们人类。那时,人类的命运不在自己手中。

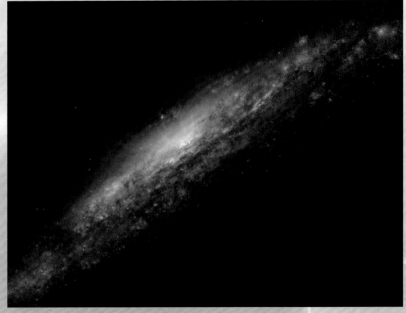

大熊座 NGC3079 星系

五、类星体的本质与演变

1. 类星体的特点

近代天文学的四大发现是类星体、脉冲星、星际分子和宇宙背景辐射。仔细研究类星体就会发现：一座普通类星体的发光能力是太阳的 1 万亿倍。高光度类星体是太阳的 10 000 万亿倍，类星体是星空中最明亮的天体，其亮度（所看到的明亮程度）在遥远的星空中是无与伦比的。最亮的类星体是 S50014＋81。至今，已有上万座类星体被发现。

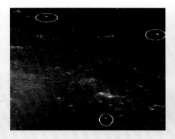   

鲸鱼座中的 3 颗类星体　　　　类星体 PKS2349　　　　类星体 HE0450-2958　　　类星体有星系结构

类星体的质量是通过光度推算出来的。一个普通的类星体约 100 亿倍太阳质量，高亮度类星体可达 400 亿倍太阳质量（银河系 1 400 亿倍太阳质量）。类星体的大小是通过它的光变测量出来的，光变周期应该等于光穿过这个类星体的时间，因此得出类星体小到几光年、大到几千光年的观测结果（银河系的直径 10 万光年）。类星体的能量是根据它的质量推算出来的，一般类星体释放的能量约有 10^{43} 尔格/秒。最早发现的类星体是 3C48，它有陌生的光谱。接着又发现 3C273，也有特殊的光谱，后来才知道是很普通的氢原子光谱加上很大的红移，确定类星体距离地球十分遥远。类星体十分明亮，直径十分矮小，辐射的能量十分巨大，距离太阳非常遥远。

类星体的喷流：类星体 HE0450-2958 有一个强大的喷流，类星体在旋转，喷流像灯塔光那样扫过不同的方向，击中了一大团由氢和氦组成的气团。强大的能量唤醒了这个沉睡多年的气团，气团到处是风暴，触发大量恒星形成，竟然形成了一个星系。

类星体有星系结构：有的类星体有星系结构，甚至还有旋臂；有的是三胞胎类星体；有的两个类星体在碰撞；有的类星体还有喷流。类星体外围都有大量尘埃环绕。

2. 类星体已经死亡的证据

距离地球最近的类星体是著名的蝎虎座 3C273，距离地球 31 亿光年。距离地球 31 亿光年之内没有一座类星体，31 亿光年之外有很多类星体。科学界普遍认为，自然界是对称的,类星体在自然界的分布也应该是对称的。只是距离地球31亿光年之内的类星体已经熄灭,它早年的耀眼光线已经扫过地球而去。

最远的类星体是 ULAS J1120＋0641,距离地球120亿光年,也就是120亿年前的光线刚刚传到地球。那里的类星体也已经熄灭,我们看到的明亮体是120亿年前发出的光线。

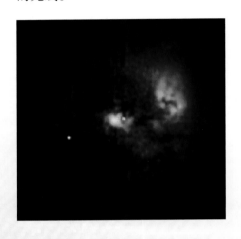

类星体外围有浓密的尘埃环绕。尘埃云环绕包层有湍流运动,尘埃晕体积很大。这些尘埃是恒星中心制造出的重元素以及它们的副产品,意味着类星体是经过群体超新星爆发才死亡的(左图)。

类星体有不规则光变。有的类星体在几天或几周之内亮度就有显著变化,说明当时超新星爆发此起彼伏。超新星有时间断爆发,有时连环爆发,喷射出的尘埃为光变推波助澜,变化无常。

光谱分析显示,类星体周围的气体云中不存在重元素,这足以证明类星体是宇宙初生代的产物。类星体本身光谱中最经常出现的是氢、氧、碳、镁等元素的谱线,这些元素是早期大质量恒星超新星爆发的产物。超新星爆发是恒星分崩离析的爆炸,恒星中心制造出了比氢重的元素并形成尘埃。也就是说,类星体诞生于宇宙初期,经过超新星大爆发,遥远的类星体光线正在陆续传到地球。除距离因素以外,宇宙在膨胀,星体越远红移值越大,远离速度越快。宇宙膨胀把类星体光线拉长了,使类星体变得更红。

类星体中大规模超新星爆发结束以后,只剩下90倍太阳质量以下的不那么明亮的恒星了。它们超新星爆发的时间拖得很久。这些小星系暗淡下来了。

有的类星体中心有一个100亿倍太阳质量以上的大黑洞,由大质量恒星超新星爆发形成的超大星核直接坍缩而成。数以万计的小黑洞是数以万计大质量恒星超新星爆发的产物,后来在引力的作用下向类星体中心移动,经过并合形成大黑洞。两座类星体碰撞也使中心大黑洞壮大(右图)。先有类星体,后有大黑洞。有人说类

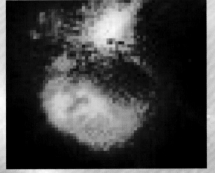

星体是大黑洞造成的,这种说法欠妥,因为银河系附近有很多黑洞却没有类星体。

3. 类星体的演变

(1)类星体的前身:由于宇宙在膨胀,120亿年以前,宇宙空间只有现在的10%,

而宇宙中的物质几乎与现在的相同，统统都挤在了那个狭小的空间。由于物质十分密集，宇宙中形成了大量 100～150 倍太阳质量的大质量恒星。这些恒星几乎同时形成。此后，这些恒星组成了星系。这些由 30 亿颗至 50 亿颗大质量恒星组成的星系是类星体的前身（左下图）。

（2）类星体时代：第一代大质量恒星几乎同时形成，此后就大规模、陆续超新星爆发了。一颗超新星亮度可达 120 亿个太阳，一座星系上百颗超新星一起爆发，十分明亮，这就是"类星体时代"（上中左图）。超新星 SN2006gy 亮度达到太阳的 500 亿倍，NGC4526 星系爆发了一颗超新星（上中右图左下角），其亮度与主星系差不多。

（3）类星体的后代：椭圆星系 Arp147 中心有一座 200 亿倍太阳质量的巨大黑洞（银河系中心黑洞 64 亿倍太阳质量）。这个大黑洞是由无数恒星级小黑洞并合而成的，并合了 200 亿倍太阳质量，说明椭圆星系 Arp147 曾经至少有 50 亿颗超新星爆发，其中一小部分超新星核心不足 3.2 倍太阳质量并形成了中子星。如此小的星系，中子星和恒星级小黑洞竟达 50 亿颗，太密集了，在引力的作用下碰撞并合，最终形成星系级大黑洞。椭圆星系 Arp147 曾经是座类星体。那些中心有 100 亿倍太阳质量以上的大黑洞、外围有浓密尘埃环绕的星系，是类星体的后代（右上图）。

至今在距离地球几亿光年之内发现 700 多座类星体的后代，说明在宇宙早期，银河系附近也曾经有类星体。英仙座星系团内就有十几座特殊的星系，最强的是 NGC1277 星系（左图画白圈的），外围有浓密的尘埃环绕，年龄 120 亿岁以上（最年轻的恒星也超过 80 亿岁），直径不超过 1 万光年。它的中心高速旋转，曾经有过翻天覆地的活动，是一座宇宙早期的星系，距离地球 2.5 亿光年。最让人刮目相看的是它的中心有一座 170 亿倍太阳质量的超级大黑洞。这些星系最初是类星体，星系中心黑洞形成于宇宙早期，从那以后便很少发生。

狮子座 NGC3842 和后发座 NGC4889 中心都有一座超级大黑洞，这些星系最初是类星体，已经演化成普通星系了。

4. 类星体的寿命

137 亿年以前,宇宙在大爆炸中诞生,宇宙由一个灼热的辐射火球填充。随着时间的推移,温度很快降低。温度下降到 10 亿摄氏度时,化学元素开始形成,宇宙大爆炸产生的化学元素只有氢、氦和锂,温度下降到 100 万摄氏度时,形成这三种化学元素的过程结束。所以,未出生的类星体是氢、氦和锂三种化学元素组成的。贫金属星能证明宇宙大爆炸产生的化学元素只有氢、氦和锂,如御夫座 SI020549 星、凤凰座 HE0107-5240 星、贫金属星的年龄都是 132 亿岁,这说明 132 亿年以前,原始星云中只有氢、氦和锂。

宇宙诞生 4 亿年以后,背景辐射温度降到 28.8 开尔文(此温度被认为是形成恒星和星系的最佳温度),在万有引力的作用下,形成第一代恒星。宇宙初期空间狭小,物质十分密集,宇宙中形成大量 100～150 倍太阳质量的恒星。宇宙诞生 4.7 亿年后形成第一代星系,150 倍太阳质量的恒星在星系中大爆发。此时,类星体诞生了。

类星体的前身是由大质量恒星组成的,恒星质量与寿命(下表)与类星体的寿命挂钩,与此后的超新星爆发也有联系。首先,100～150 倍太阳质量的恒星在星系中超新星爆发形成的类星体维持了 4 000 万年,这是高亮度类星体最辉煌的 4 000 万年,但在漫长的宇宙岁月里这只是昙花一现。或者说,高亮度类星体在宇宙诞生 4.7 亿年后开始,到 5.1 亿年后结束。远处类星体的光线,目前陆续传到地球。小于 100 倍太阳质量的恒星,经过很长时间才超新星爆发,稀稀疏疏地爆发,星系总体亮度较低,要么沦为低亮度普通的类星体,要么退出类星体行列而形成星系。

恒星质量	恒星寿命
60　太阳质量	30 亿年
80　太阳质量	13 亿年
100　太阳质量	4 000 万年
120　太阳质量	260 万年
150　太阳质量	150 万年
170　太阳质量	100 万年

5. 高亮度类星体与普通类星体

类星体大熊座 Q0906＋6930 距离地球 120 亿光年,中心有个由小黑洞并合而成的 200 亿倍太阳质量的大黑洞,每个小黑洞平均有 5 倍太阳质量,约由 40 亿个小黑洞并合,说明 40 亿颗超新星在类星体寿命 0.4 亿年内爆发,平均每年约 100 颗。银河系已经 400 年没有超新星爆发了。一颗超新星爆炸的过程约为 1 年(英仙座 SN2006gy 超新星爆炸时间长达 2 年），也就是这座类星体每年 100 颗超新星一起爆发，一颗超新星亮度可达 120 亿个太阳，总辐射量达到 1.2 万亿个太阳，所以十分明亮。这个数字与观测得到的情况的相近。每年平均 100 颗超新星爆发，连续爆发 0.4 亿年，这样的类星体叫作高亮度类星体。

相比之下，那些稀疏的超新星较少爆发，那些比较活跃的"再发新星"经常爆发，类星体总体亮度较低，但距离地球较近的类星体还是比较亮的，就像眼前的手电筒比远处的探照灯还亮。这样的类星体叫作普通类星体。

类星体的亮度，取决于超新星爆发的数量。

类星体的外围尘埃

六、著名星座

1. 观天不能不看猎户座

星座,是把某一天区明亮的、看起来比较相邻的恒星,为了辨认它们,用想象的线条把它们连接起来组成的图案,再加上一个名字,这个图案以及它周围的星空就成了一个星座。星座不是科学问题,星座是人为的。南天星座47个,北天星座29个,黄道星座12个,全天共88个星座。有人用星座占卜人们的吉凶、未来的运气、吉祥的征兆,只不过是一种游戏。

每年1~2月份是观看猎户星座的最佳时期。猎户星座是南天最著名的星座,它的7颗明亮的星分外显眼。猎户α和猎户β是1等星,5颗2等星,3颗三等星,肉眼可见的六等星就有200多颗,再好的眼睛也看不出它们的细节。猎户星座、南十字星座和大熊星座是88个星座中最明亮、最壮观的三个星座。

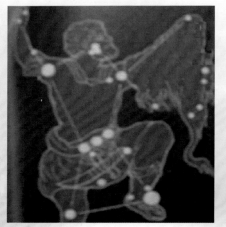

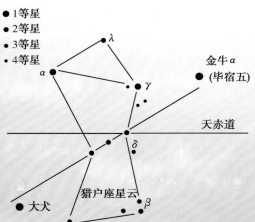

参宿四(猎户α)是全天第10亮星,视星等0.5。它是一颗红色超巨星,是太阳直径的600倍,质量为太阳的15倍,绝对星等-5.55,表面温度3 500摄氏度。它的大小与木星轨道相当(木星轨道直径10.4天文单位),自转周期17年,光度为太阳的10万倍,体积为太阳的325万倍,是迄今人类发现的体积最大的恒星之一。参宿四往年喷出的物质形成了巨大的羽状物,羽状物由硅酸盐和氧化铝等尘埃组成,向外延伸500亿千米。地球上的

参宿四红色超巨星

硅酸盐就是参宿四那样的恒星爆炸以后提供的。参宿四是一颗变星,亮度在 0.6～0.75 星等之间变化,变光周期为 5.5 年,属于不规则变星,亮度在变化,半径也在变化,距离太阳 520 光年。我们现在看到的参宿四是 520 年以前的模样。参宿四已经演化成超新星。

如果参宿四超新星爆发,其光度将增至原来的几万倍,最大光度可能达到满月一样亮(-12.5 等),地球将出现强烈的北极光和大面积的臭氧层空洞。爆发剩下的残余只有一个坚实的星核。超新星爆发以后,它的星核不会超过 3.2 倍太阳质量,可能形成一颗中子星。

在过去 15 年中,参宿四的直径缩小了 15%,0.72 天文单位。其缩小幅度平缓,已经靠近了极限,人们将看到它由缩小转为稳定再转为膨胀。通过望远镜的观测,发现参宿四周围已形成极厚的气壳,至少伸展到参宿四半径约 600 倍处,这表明该星向星际空间抛出了大量物质。不论直径缩小还是抛射物质,都意味着参宿四几亿年之内不会超新星爆发。天文学家们未曾见过 15 倍太阳质量的恒星超新星爆发。参宿四有两颗行星,被命名为 Betelgeuse Ⅰ、Betelgeuse Ⅱ。第一颗行星有类似地球的大气层,拥有类似土星的环,自转一周 16 小时,温度为 372K。第二颗行星有类似地球的大气层,大气层下有五成陆地,三成冰,两成海水,自转一周 28 小时。

参宿七蓝色超巨星

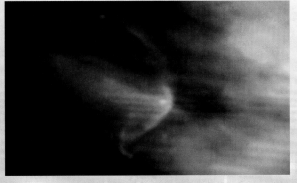

猎户座 LL 星

参宿七(猎户座 β)是一颗蓝色超巨星,视星等 0.12,绝对星等 -7.2,质量是太阳的 17 倍,距离太阳 850 光年(依巴谷距离 773±150 光年),是年轻的、最亮的蓝超巨星,光度是太阳的 11 万倍,位于猎户座的右下角,直径是太阳的 77 倍,全天第 7 亮星,表面温度 1.2 万摄氏度。(目前发现最热的恒星是山猫座 Arc 星,温度 8 万摄氏度;白矮星 HD62166 星温度约 20 万摄氏度,是恒星高温之最。)

猎户座 β 的辐射非常强烈,它的星风能把它附近周围的星体物质吹离,使这些星体形成一个尾巴状的气流,所以,人们把参宿七称为"骇星猎户 β"。参宿七不仅有很强的星风,还间断地抛出一些"团块"。所谓团块,其实是团状气团,远离主体以后变冷并形成固体团块。最著名的是 ALCL 2591 恒星,它曾经喷出一个 20 倍地球质量的气团,气团不断冷却,最后可能形成一个巨型"团块"。如果猎户座 β 星处在我们的太阳附近,它强大的星风能把太阳表面物质和太阳100万摄氏度的日冕吹向地球,那可不只是发生北极光了,地球大气将一片火海,地球大陆将变成火场,氧气顿时耗尽,大海顿时消失,甚至把月亮吹走……我们非常幸运,太阳附近没有像猎户座β这样的星,太阳附近的恒星非常稀疏,附近非常干净,也不可能有新的星诞生,这是地球人得天独厚的环境。参宿七还有一颗视星等6.8的伴星,因为参宿七太明亮了,它的伴星很难看清。

欧洲空间局X射线望远镜发现一颗类似猎户座β的蓝巨星,它正以"成团的方式"抛射物质。这些团块连续击中它的伴星达4个小时,有的团块质量达到月亮的千分之一,造成数百万度的高温,引发伴星X射线大爆发。

参宿五(猎户座γ)也是一颗蓝色巨星,全天第26亮星,视星等1.6,绝对星等-2.76,距离地球243光年。

参宿六(猎户座K)是一颗蓝白色超巨星,全天第55亮星,视星等2.06,绝对星等-7,亮度是太阳的5万倍,距离太阳2 100光年。

猎户座LL星是一颗刚诞生的变星,它发出的星风被猎户座β更强大的星风吹向了一侧,产生了一道与轮船滑过水面时产生的"船首波"相似的震波,这个弓形结构有半光年大,从它的上、下、左、右四个方向看都像一张弓,但其实它是一个巨大的碗状物。猎户座β(参宿七)绝对星等-7.2(太阳的绝对星等为+5),猎户座K(参宿六)绝对星等-7,猎户ε(参宿二)绝对星等-6.2,天鹅α绝对星等-6.95,大犬η绝对星等-7.51……绝对星等都在-7左右。质量都是太阳质量的20倍左右,亮度是太阳的10万倍,温度很高,燃料消耗很快,歇斯底里地动荡。它们都活不长了。

猎户座三星家喻户晓,人们常说"三星高照,新年来到","三星横斜(差不多横在天赤道上),长夜告别"。三星是由参宿一(寿星)、参宿二(福星)、参宿三(禄星)组成的,从地球上看,三颗星的视亮度相近,三颗星之间的距离相同。三颗星因在同一条直线上而著名。

如果我们乘宇宙飞船游览三星,当宇宙飞船靠近参宿一的时候,参宿一像一颗火红的太阳,处在火焰星云的边缘上,而参宿二和参宿三仍然与地球上肉眼看到的没有两样。参宿一的直径是太阳的30倍,它的质量也是太阳的30倍,它的辐射是太阳的10万倍,用肉眼也能看出它是一颗双星。参宿二(猎户ε星)视星等1.70,绝对星等-6.2,距离太阳1 200光年,是颗亮超巨星,光度为太阳的2.5万倍。参宿二是一颗脉动变星,亮度变化于1.64等到1.74等之间,一般望远镜不能分辨。参宿三正好在天赤道上,通过参宿三,向东、西方向划一条直线,那就是天赤道。猎户座三星与地球的距离是不同的,参宿一距离地球817±160光年,参宿二距离地球1340±500光年,参宿三距离地球916±210光年。从三星"伊巴谷距离"可以看出,三星到地球的距离相差甚远。

看到猎户座三星,就很容易找到金牛座的毕宿五。毕宿五(金牛座α)是颗美丽的一等星,它的直径是太阳的47倍,质量只有太阳的1.6倍。它的密度非常小,表面温度只有太阳的一半,是一颗体积很大、温度很低的红巨星。我们的太阳60亿年以后也会像毕宿五那样成为一颗红巨星。

猎户座大星云

参宿一和火焰星云

　　猎户座大星云是最著名的弥漫星云,是由原子、分子和很小的尘埃颗粒物质形成的气体星云,是唯一能够用肉眼看到的星云,距离地球1 500光年。猎户座大星云中有几颗刚诞生的恒星,是它们辐射的紫外线使星云中的氢原子发出红色光辉。猎户座大星云处在猎户座中央三星下方,肉眼依稀可见。借助大型望远镜,我们可以看到猎户座大星云异常富丽的尊容,它是由气体、氢和尘埃组成的,受附近恒星的激发而发光。猎户座大星云非常巨大,那里是孕育新恒星的区域。星云内数以千计的恒星被尘埃云遮蔽,在红外波段的望远镜中暴露无疑。哈勃空间望远镜在猎户座大星云中辨认出50颗褐矮星(失败的恒星)。猎户座大星云中心有4颗大质量恒星,每颗恒星的亮度是太阳的10万倍。从大星云中射出的"超声波气体子弹"可能与这些大质量恒星有关。

超声波气体子弹云

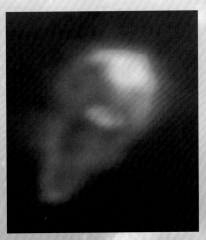

恒星的行星盘被热星摧毁

"超声波气体子弹"头部是铁原子云,泛着淡蓝色的光;橙色的"弹道"是被加热了的氢气云,以1 600千米/秒的速度向外抛射(地球飓风的速度约0.1千米/秒),形成"气体子弹",同时伴随着χ射线。照片是双子望远镜拍摄的。

猎户座大星云中有很多热星,它强大的星风将它附近年轻恒星的行星盘吹散,形成一个尾巴状的气流。恒星的行星盘是形成行星系统的原材料,一旦行星盘被摧毁,这个恒星就不会有行星系统了。通过观测,猎户座大星云中90%的年轻恒星行星盘被热星摧毁,因为那里的热星太强大了,猎户座LL恒星的行星盘也被摧毁了。

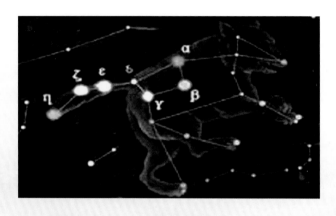

2. 大熊星座与北极星

大熊星座是北天著名星座、北斗七星所在的星座。大熊星座全天面积排名第三,仅次于长蛇座和室女座。西方把这个星座看作一头大熊,中国把大熊星座中的七颗亮星看作一个勺子,这就是我们常说的北斗七星。这个大勺子恰好是一季度指一个方向,勺柄东指春天,勺柄南指夏天,勺柄西指秋天,勺柄北指冬天。勺柄的第二颗,也就是那颗大熊ζ(读音截塔)星,中文名开阳星。它旁边还有一颗暗星,叫大熊座80(辅星)。开阳星和辅星构成了一对目视双星。不论北斗七星斗柄能告诉我们四季,能指出地球的北天极,也不论开阳双星与我们的"60年干支次序"多么匹配,地球与它们都没有关系,只是巧合而已。

天枢星(大熊座α星)。天枢又名北斗一,北斗七星之首,视星等1.79,绝对星等0.2,距离地球124光年。天枢是一颗橙色巨星,是一颗双星,有一颗亮度为4.8等的伴星,双星轨道周期为44.4年。

天璇星(大熊座β)。视星等2.34,光谱型A,绝对星等0.41,3个太阳质量,直径是太阳的2倍,表面温度9 800开尔文,距离地球79光年。

天玑星(大熊座γ)。天玑主理天上人间的财富,喻为财富之星。天玑被尊为禄存星。

天权星(大熊座δ,读音德耳塔)。视星等3.4,是北斗七星中的第四颗,是七星中最黯淡的一颗,也是"斗柄"和"勺体"的连接部位,光度是太阳的25倍。距离地球81.4光年。α、β、γ、δ四颗星称作"魁"。魁就是传说中的文曲星。

玉衡星(大熊座ε,读音伊普西隆)。视星等1.74。又名北斗五,又叫廉贞星,即斗柄的第一颗星。绝对星等0.3,距离地球80.9光年,是颗白色亚巨星。玉衡又是一颗变星,亮度在1.76等至1.78等之间变化,变光周期5日2时7分。

开阳星(大熊座ζ,读音截塔)。视星等2.4,处在勺柄第二颗。仔细观察,会发现它旁边还有一颗暗星,这颗暗星就是大熊座 80 星,视星等 4.03,如果用肉眼能看清这颗暗星,则说明你的眼睛很好。大熊座 80 星是开阳星的卫士,所以叫作辅星。开阳星和辅星构成了一对双星。通过小型望远镜我们还可以看到靠近大熊座 ζ 的另外一颗星,它是 4 等星。而实际上这 3 颗星又各是一个双星系统,是颗六联星。

摇光(大熊座 η,读音伊塔)。视星等 1.86,位于斗柄的最末端,是颗蓝白色主序星。绝对星等 −1.7,距离地球 101 光年。

《晋书·天文志》说:枢为天,璇为地,玑为人,权为时,衡为音,开阳为律,摇光为星。苍穹天象,凝集东方之文明。北斗七星,指引方向之星,折射着无限的东方智慧。

让人刮目相看的是大熊座 47(中文名天牢三)视星等 5.03,金黄色,光谱型 G,绝对星等 4.29,比太阳亮 60%。质量是太阳的 1.08 倍,温度 5 882 开尔文,金属度为太阳的 110%,年龄 60 亿年。大熊座 47 是一颗主序星,中心核反应是氢的核反应。大熊座 47 还能保持现在的状态 60 亿年,是不折不扣的类似太阳的星。距离地球 46 光年。

已经确认大熊座 47 有两颗行星。大熊座 47b 是第一颗被人类观测到的长周期行星,拥有低偏心率的公转轨道。这个行星的质量是木星的 2.62 倍,并以 1095 地球日的时间公转一周。如果把大熊座 47 放在太阳的位置,则大熊座 47b 的轨道位于火星及木星之间。第二颗行星被称为大熊座 47c,公转周期为 2594 个地球日。这两颗行星的位置与太阳系中的木星与土星相似。

大熊座 47 的宜居带在 1.3 天文单位处,因为有两颗巨大行星在外侧,宜居带中的那颗行星会又小又干。"地外文明行动计划"已经传送信息至大熊座 47。

大熊星座 M81 是河外星系离我们最近的星系,视星等 6.9,距离太阳 1200 万光年。

大熊星座 M82 隔着一片尘云以侧面对着我们,距离太阳也是 1200 万光年。M82 很活跃,诞生了很多大质量恒星,它们的强大星风携带大量物质抛射出去。

M81 星系(图片上侧的蓝色星系是 M82)

M82 星系

大熊星座 M81 与 M82 只相差 2 度,非常靠近。M81 质量很大,M82 是伴星系,两个星系以椭圆轨道运行。大约在 6 亿年前,M82 最靠近质量大的 M81,在强大引力下小星系一反常态,星爆出现,大量恒星形成,而大星系也有所变形,但相撞还不会发生。

连接大熊 β 和 α 并延长距离的 5 倍就是北极星,北极星(小熊座 α 星)视星等 2.02。中国古代称北极星为"勾陈一"或"北辰",又称帝星、紫微星,在位 1 500 年,高光度星,距离太阳 401 光年,质量是太阳的 4 倍,亮度是太阳的 2 000 倍。

北极星是一颗三合星,较远的伴星北极星 B 距离主星 2 400 天文单位,较近的伴星北极星 AB 距离主星 18.5 天文单位。北极星处在地球自转轴的北延长线附近,地球顺时针方向自转,天上的星就像围绕北极星逆时针运转一样,只有它固定在北天不动,其实北天没有一颗肉眼可见的星围绕北极星绕转。北极星不是静止的,它也在变迁:

(1)公元前 2 700 年,中国轩辕黄帝的典籍上记载了一颗星,叫作"紫微垣右枢星",说天球上的星,只有它是静止的,这就是最早发现北极星的记载。那时的北极星是天龙座 α 星,星等 3.6。

(2)现在的这颗北极星是小熊座 α 星,亮度为 2.02 等,是北天极已经遇到的最亮的北极星之一。它已经享有 1 000 多年的北极星盛名,而且还能保留到公元 3 500 年。然后,北极星将逐渐远离地球的北天极。

(3)根据恒星的运动方向和速度,公元 3 500 年以后,北天极将接近仙王座 γ 星,亮度为 3 等星。公元 7 400 年,北极星将被天鹅 α 取代,亮度为 1.25 等,是北天极将要遇到的最亮的北极星。

(4)公元 13 600 年,北天极将要遇到最耀眼的北极星,是天琴座织女星,它是全天第五亮星。至少 3 000 年时间,织女星将充当我们后代的北极星。

地球的北极星前赴后继,每个都很明亮;地球的南天极却空空如也,没有一颗肉眼可见的南极星,词典上也没有"南极星"这个名词,说明我们的后代也不会看到南极星。

北极星为什么变迁呢?是由于地球北天极附近的恒星自行的结果,其次是地球自转轴周期性摆动造成的,地球自转轴摆动周期大约是 2.6 万年。

3. 太阳的 12 个黄道星座

黄道,太阳运行的视轨迹,是沿天一个大圈,与天赤道相交 23 度角。从地球上看太阳在这个大圈上经过 12 个星座,这 12 个星座统称黄道星座。

太阳按照顺序进入金牛座、双子座、巨蟹座、狮子座、室女座(俗称处女座)、天秤座(俗称天平座)、天蝎座、人马座、摩羯座、宝瓶座(俗称水瓶座)、双鱼座、白羊座,然后再进入金牛座沿天一个大圈。从地球上看,不论太阳在哪个黄道星座,都是"黄道吉日"。

如果把下图设计在大钟表上,而绿色长针每月走一个格,一年走一周,就知道地球运行到哪里,太阳在穿越哪个星座。"黄道吉日大钟"是一个创举。

我们从太阳"穿越"金牛座说起。金牛座第一亮星毕宿五(金牛座 α),全天第 14 亮星,直径是太阳的 46 倍,橙色,亮度是太阳的 150 倍。毕宿五已经演化成红巨星,年龄已经 110 亿年。我们的太阳最终也会形成红巨星。毕宿五是四大王星之一(另三个

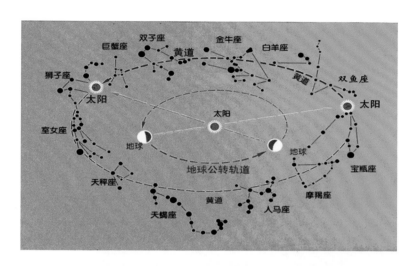

是心宿二、轩辕十四、北落师门）。

　　大约经过一个月，太阳穿越双子座。双子哥北河二，是一颗一等星，后来他变得暗了，沦为二等星……双子弟北河三，是一颗名副其实的一等星，是一颗六聚星，主星是红巨星，体积是太阳的700倍。太阳穿越巨蟹星座——夏天开始的星座，巨蟹座δ星就在黄道上。太阳穿越狮子星座——王者狮子星座。狮子星座中的亮星以黄帝轩辕、五帝命名，五帝指黄帝、颛顼（zhuān xù）、帝喾（dì kù）、唐尧、虞舜。

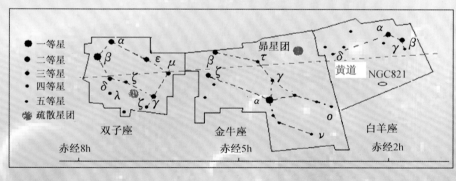

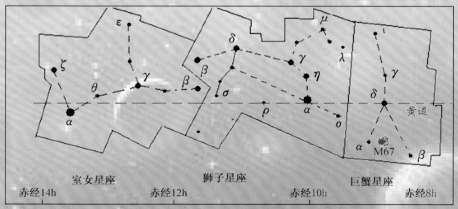

狮子星座第一亮星是轩辕十四(狮子α),全天第21亮星,视星等1.35,是一颗蓝白色主序星、三联星。距离地球约84光年,绝对星等－0.6,光度是太阳的260倍,表面温度1.22万开尔文,直径是太阳的36倍,质量是太阳的4.5倍。用我国黄帝的名字"轩辕"命名的星就有17颗。

轩辕十四是一颗年龄只有几亿年的年轻恒星。它的自转非常快,只需15.9小时就自转一周,这也造成轩辕十四呈现一个扁率非常高的形状。轩辕十四的赤道直径比极直径大了1/3(赤道在图的上下方向),所以,看上去轩辕十四的赤道比两极昏暗得多。轩辕十四自转速度311千米/秒,而太阳赤道线速度只有2千米/秒,竟大了150多倍,这在恒星中是十分罕见的。轩辕十四自转的离心力使它的赤道明显膨胀,如果轩辕十四的自转速度再提高16%,它的离心力就会超过自身引力,就会甩出大量物质。

从地球上看太阳穿越室女星座(处女座),室女座有一个超级星系团,巨大的星系就有2500个,矮星系数以万计,暗物质是可见星系质量的10倍,还有无数质量巨大的气团,产生的引力减缓了银河系的退行速度。室女座超级星系团中有很多彼此逐渐靠近、即将并合的星系对,旋涡星系和椭圆星系分布得很均匀,而且分布在一个长度很长、宽度很窄的"细丝"上,这就是天文学家们

比喻的"一大批星系正沿着公路(Filaments)向星系团中心进发",速度高达1 600千米/秒。

室女座双眼星系"大眼"NGC4438是碰撞过的星系,原本是旋涡星系,碰撞以后旋臂被摧毁,它的两条尾巴、一片尘埃带和错综复杂的核心证明曾经碰撞过。"小眼"NGC4435仍然炯炯有神,无动于衷。

室女座超级星系团是非常巨大的星系团,距离太阳1 500万秒差距。

太阳穿越天秤星座。天秤星座中距离太阳20.5光年有一颗红矮星,这颗红矮星Gliese581是非常稳定的星,有足够的生物进化时间。它有6颗行星,中间的那一颗行星就是格利斯581C,是一颗"宜居行星",温度在0～40摄氏度之间。它的直径小于地球1/3左右,它的大气适合人类居住,表面应该最容易形成岩石、湖泊和海洋,高空是蓝色的天,条件比火星还优越,更像我们的地球。

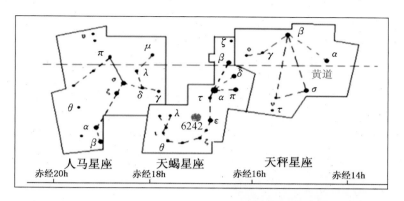

太阳穿越天蝎座。天蝎星座是著名的星座，每年5月初夜晚，天蝎座从东方升起。在北半球，当心宿二升到南方天空正中时，夏至就要到了。在几颗星之间有一颗红色明亮的一等星天蝎α（中文名心宿二，又叫大火）。天蝎α表示天蝎的心脏，头上有三颗形成冠状的亮星，尾巴翘着，最末端天蝎λ（读音兰姆达）被誉为天蝎的蜇刺。天蝎座亮于四等的星就有20多颗。但是，它在黄道上所占的范围只有7度，是最短的一个。心宿二（天蝎α）为全天第16亮星，视星等0.96，绝对星等 -4.7。心宿二的亮度和颜色很像火星，而且两星的运行轨道都在黄道附近。当火星运行到天蝎座时，两个红星闪耀天空，于是"红星心宿二"由此得名。心宿二是一颗著名的红巨星，能放出火红色的光亮。心宿二是颗双星，主星是颗变星，亮度变化于0.9~1.8等之间，光变周期48年，视星等1.2，光度为太阳的6 000倍，表面温度3 600开尔文，直径是太阳的700倍，表面积是太阳的36万倍，质量是太阳的15.5倍。距离地球410光年。

心宿二的伴星是颗蓝矮星，亮度为5.4等，伴星和主星的环绕周期为878年。伴星的辐射与主星的辐射在两星之间相遇产生耀斑，是由两星的星风相互作用形成的。

天蝎α以及天蝎星座中的20多颗亮星，亮度偏高，质量偏大，都不可能有外星人。

太阳穿越人马座（射手座）。银河系核心就在那里。银河系中心有一个大黑洞，具有强大的吸引力。银河系中心大黑洞的质量为太阳的64亿倍。

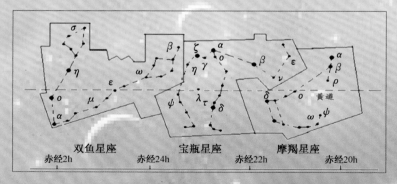

接着，太阳穿越摩羯星座、宝瓶星座、双鱼星座，来到白羊星座，象征春回大地。历经12个月，太阳回到金牛座。

七、恒星系统

1. 类似太阳系的恒星和行星

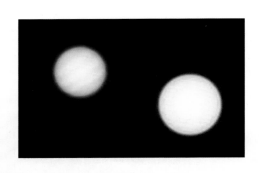

在银河系已经发现类似太阳的恒星 14 万颗。通常认为太阳系有人类，类日恒星系统也会有人类。天苑四（左图，波江座 ε，读音伊普西隆）是太阳的第九邻居，距离太阳 10.522 光年，质量是太阳的 0.85 倍，直径是太阳的 0.84 倍，温度 5073 开尔文，是颗比较年轻的恒星。因此，这颗恒星的磁场活动比太阳强，恒星风的强度是太阳的 30 倍。自转也比较快，自转周期约为 11.1 天。天苑四不仅质量和直径都比太阳小，它的金属丰度也比较低，在色球层中铁的含量只有太阳的 74%。

一颗行星天苑四 b 环绕着天苑四恒星运转。天苑四 b 是类木行星，它的轨道周期是 2 502 天，与天苑四的平均距离为 3.4 天文单位，偏心率 0.7，穿越在 3 天文单位处的小行星带。这颗行星穿越小行星带时会很快地将轨道清空，把大量气体、陨石吸收到它的怀抱。天苑四 b 不会有人类。

天苑四还有一颗低质量的行星天苑四 C，在 40 天文单位的距离上（海王星离太阳的距离 30 天文单位），它的表面温度是 −173 摄氏度，以低于 0.3 的偏心率运行着。天苑四的亮度只有太阳的 28%，如果有一颗类地行星可能会遭遇到更多的陨星撞击，远远没有地球的环境好。哪个行星与地球相比都逊色。

因为天苑四有能力形成类地行星的特点，也许会发现比地球小的行星，故依然是 NASA（搜寻地外智慧生命计划）的目标之一。

水蛇星座 HD10180 星也是一颗类日恒星，距离地球 127 光年。它有 7 颗行星，其中 5 颗体积与海王星相当。如果太阳系的水星内侧还有一颗行星，则正好与太阳系匹配。这颗水蛇星座恒星的 7 颗行星中，有一颗与土星类似，轨道周期 2 200 天，相当于小行星带轨道（木星轨道周期 4 380 天）。还有一颗岩质行星，只有地球质量的 1.4 倍，距离母星 0.02 天文单位，轨道周期 1.18 天，早已经被恒星烤干。

开普勒-9 类日恒星引人瞩目，它至少有三颗行星，其中一颗是"类地行星"，不在"宜居带"，直径是地球的 1.5 倍，公转周期 1.6 天，可能已经被烤干。

开普勒-10b 是岩质行星，质量是地球的 4.56 倍，直径是地球的 1.4 倍，平均密度 8.8 克/立方厘米（地球密度 5.5 克/立方厘米，铁的密度 7.9 克/立方厘米），是一颗重金属球。围绕宿主恒星旋转轨道半径为 0.016 84 天文单位，温度高达 2 000 摄氏度，公转周期 0.84 天。此外,高金属度行星 HD 209458b 环绕主星一周 3.5 个地球日,高金属度行星 CoRoT-7b 环绕主星一周仅需 20 个小时,它的轨道半径为 0.017 天文单位。这样的行星都是"热木星"的星核,不会有人类。

开普勒-11 类日恒星。开普勒-11 大小、质量、光谱型都与太阳相似,但年龄 80 亿岁(太阳 50 亿岁)。开普勒-11 有 6 颗行星,其中 5 颗小于水星轨道,1 颗小于金星轨道,十分拥挤地挤在同一平面内(相当于太阳的赤道面,水星轨道倾角 7 度,金星轨道倾角 3.4 度)。开普勒-11 的 6 颗行星轨道倾角小于 1 度,大部分有以氢为主的大气。开普勒-11b 行星的轨道只有 1/10 天文单位,离宿主恒星很近,是颗天王星大小质量的巨星,环境十分恶劣。

开普勒空间望远镜对 15.6 万颗恒星进行观测,识别出 1 235 颗行星:其中地球大小的行星 68 颗,5 颗位于宜居带,表明可能有液态水;288 颗比地球大 2 倍,54 颗位于宜居带;海王星大小的 662 颗(海王星是地球直径的 3.5 倍);木星大小的 165 颗,(木星的直径是地球的 11.2 倍),比木星大的 19 颗。170 颗行星属于多行星系统。开普勒空间望远镜是我们人类最敏锐的"眼睛",但它看到的类地行星却十分有限,因为类地行星反光能力低,离类日恒星远,直径小。

开普勒-22 更让人刮目相看。它比太阳稍小,它的一颗行星开普勒-22b 的直径是地球的 2.4 倍,公转周期 290 天,表面有液态水,有陆地和海洋,有蓝天,在宜居带中运行。"搜寻地外智慧生命计划"对其十分关注。

天琴星座开普勒-62 与太阳系相似,拥有 5 颗行星,2 颗行星位于可居住带,主恒星体积仅为太阳的 2/3,亮等为太阳的 1/5,年龄为 70 亿年左右,距离地球 1200 光年。

开普勒-62 的行星开普勒-62f 位于可居住带,距离主恒星较远并且被冰覆盖。开普勒-62f 只比地球大 40%,是系外可居住带上特征最接近地球的行星,是一颗岩质行星,轨道周期 267 天,是"搜寻地外智慧生命计划"的关注对象。

开普勒-62e 位于可居住带,距离主恒星较近,其表面被厚密的云层覆盖,轨道位于可居住带的内缘上,直径比地球大 60% 左右,轨道周期为 122 天,被认为具备液态水和岩质表面,是"搜寻地外智慧生命计划"的关注对象。

在开普勒-62 系统中,行星-62b、-62c 和-62d 的轨道半径较小,并且它们距离主恒星较近,轨道周期分别为 5 天、12 天和 18 天。显然,这些行星表面的环境不理想,炙热的高温无法使得液态水存在。

天仓五(鲸鱼 τ)是太阳的第 31 邻居,光谱型 G8,绝对星等 5.67,表面温度 5 344 摄氏度,距离太阳 11.887 光年,是一颗类似太阳的恒星,没有伴星,金属丰度比太阳稍低,周围的尘埃是太阳的 10 倍。

天仓五可能有 5 颗行星,其中一颗 f 星在宜居带,宜居带两侧有小行星带,可能有更严重的陨石撞击。因为天仓五更像我们的太阳,宜居带中的那颗 f 行星更像我们的地球,所以天仓五是"地外文明搜寻计划"的重点。

2. 红矮星的行星与宜居行星

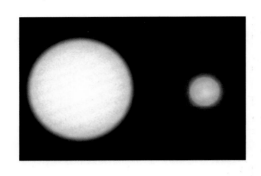

红矮星格利斯581（左图）不是一颗像太阳那样的恒星,这颗红矮星的亮度只有太阳的 1/50,质量只有太阳的 1/3,温度只有 3 000摄氏度,是一颗比太阳更暗、更小、更冷的恒星。红矮星质量很小,把氢燃烧成氦的过程也很漫长,可能几太年以后还在发出耀眼的光芒(1 太年 $= 10^{12}$ 年)。它的亮度没有大起大落,出现耀斑和黑子的可能性小。

从诞生到死亡,它的大小、亮度、温度都几乎不变。如此稳定的红矮星,在它们合适的行星上产生生命是非常理想的,人们认为那是一颗"永恒的太阳",距离太阳 20.5 光年。

红矮星是主序带上的小恒星,颜色偏红,温度较低,质量偏小,寿命悠长,宜居带上有行星,是寻找外星人的最佳选择。

太阳附近的恒星比邻星、巴纳德星、沃尔夫 359 星、拉朗德 21185、鲁坦 726-8、罗斯 154、罗斯 248、鲁坦 789-6、罗斯 128 都是红矮星。太阳附近的 68 颗恒星邻居,红矮星有 50 颗,占 73.5％,亮星只有 4 颗,一个巨星也没有,暗示太阳系附近最适合人类生存。

一个国际天文学家小组评估出宇宙有 7×10^{22} 颗恒星,比地球上沙子的颗粒还多,绝大部分是红矮星。银河系是由 2 000 亿颗恒星组成的,其中就有 1 300 亿颗红矮星。靠近太阳的恒星 1～4 光年范围内没有一颗恒星,4～8 光年范围内有 10 颗恒星,9～12 光年范围内有 29 颗,13～16 光年范围内有 29 颗,另有双星和三联星 32 颗、红矮星 50 颗。距离太阳 1 000 秒差距(1 秒差距 ＝ 3.261 6 光年)的范围内,O 型星一颗也没有(O 型星表面温度 3 万摄氏度,太阳为 6 000 摄氏度),B 型星 440 颗,A 型星 400 颗(表面温度 1 万摄氏度),巨星 630 颗,F 型星 3 600 颗,G 型星 6 000 颗(太阳就是 G 型星),K 型星 9 000 颗(类似太阳的恒星,如天仓五),M 型红矮星约 6 万颗(表面温度 3 000 摄氏度)。G 型星、K 型星,M 型星能够培育外星人。

研究认为,太阳系周围就有外星人。

红矮星是主序带上的小恒星,平均直径只有太阳的 1/3,温度 3 500 开以下。红矮星由于内部氢聚变的速度缓慢,因此它们拥有很长的寿命,外星人有足够的进化时间。红矮星的质量根本不足于进行氦的核聚变,也不可能膨胀成红巨星,而是逐步收缩,直至氢燃料耗尽。因此,一颗红矮星的寿命多达数百亿年,甚至数千亿年,所以我们看不到垂死的红矮星。

红矮星诞生后的第一个 10 亿年有剧烈的活动,包括频繁的闪焰,第二个 10 亿年逐渐缓和,第三个 10 亿年就非常稳定了。它的寿命很长,这对生命发展是有利的。与之相比,太阳只能再支持地球生命50亿年,此后将膨胀变成红巨星,把地球烤焦并吞噬。

太阳周围的红矮星都不能产生比氢重的元素。它们不是第一代恒星,它们诞生的时候,星云就有可观的金属丰度,就像我们的太阳金属丰度十分可观那样。

太阳周围的红矮星,最让人刮目相看的是它们可能有外星人。围绕这颗红矮星旋转的"宜居行星",代号 Gliese581C(格利斯581C),质量是地球的5倍,直径是地球的1.5倍,围绕红矮星旋转一周需要13天,地心引力为地球的1.6倍,距离红矮星只有地球到太阳距离的1/14。格利斯581C有液态水,有浓厚的二氧化碳大气层,造成的温室效应足以形成海洋,温度0~40摄氏度之间,说明它的大气是适合人类居住的。人们推断它的表面应该最容易形成岩石、湖泊和海洋,高空是蓝色的天。宜居行星必须有液态水,因为液态水能够溶解生命必需的氢、碳、氮、氧、硫、磷等基本元素。这些元素是组成人类生命的基本元素。水把这些元素运送到全身,其元素比例正好是生物所需的。

格利斯581C外侧是较大质量的d星,内侧是大质量的b星,为宜居行星保驾护航,减少陨石的撞击。

目前,被天文学家们选中的"可居住十大系外行星"是:开普勒-22b,开普勒-61b,开普勒-62e,开普勒-62f,格利斯667Cc,格利斯581C,格利斯581g,格利斯163b,HD40307g,鲸鱼τ(天仓五)f星。

3. 类日恒星的热木星

恒星飞马座51距离地球50光年,视星等5.5,光谱型G2。不言而喻,它就是一颗类日恒星。飞马座51不断摆动,意味着它有一颗行星。经过仔细观测,其行星的质量是地球的160倍,离飞马座51的距离非常近,只有水星到太阳距离的1/8,围绕飞马座51旋转一周只要4.2天。这样的行星温度很高,从诞生起就一面朝向它的母星。然而,它面向母星的一面与背向母星的一面温度相差不多,说明它常年刮着时速达14 400千米/小时的超音速大风。这样的"热木星"非常干燥,常年被大量的硅酸盐尘埃笼罩着。高速运行使硅酸盐尘埃形成蓬松的尾巴。

距离地球 147 光年的 HD209458b 行星和距离地球 100 光年的 HD179949b 行星也刮着超音速大风,也被硅酸盐尘埃笼罩着,也是热木星。天文学家们发现的 700 多颗木星级别的系外行星中,380 颗是热木星。热木星为什么那么多呢?因为热木星质量大,距离主星近,温度高,容易观测。太阳系的木星是"冷木星",如果太阳系的木星诞生在水星附近,那么,它也必须以高速度围绕太阳绕转,木星表面覆盖的大气也会形成一个尾巴状气流。

热木星有木星那么大,轨道比水星到太阳的距离还小。在这个距离上,有足够多的固体原料形成核,有足够的气体形成大气,也有足够的能量使行星温度达到 2 000 摄氏度,使热木星核上的一些金属气化,形成有毒的大气。

仙后座 HD17156 恒星周围有一颗质量 3 倍于木星的行星,围绕中心恒星公转周期为 21 天,公转轨道是一个非常扁的椭圆形,近星点为 0.05 天文单位,远星点达 0.25 天文单位,无疑是一颗热木星。如此接近恒星的行星势必会受到来自恒星的潮汐力而改变轨道,其公转轨道会逐渐变成近圆形轨道。

通过计算,热木星每秒损失物质几十亿吨,少则几百万年,多则几千万年就会瓦解,或者撞上宿主恒星,或者被宿主恒星撕碎,或者被宿主恒星将大部分气体掠去,它的星核就会裸露出来,形成一个水星那样的固态星核。这可能意味着水星就是太阳系早期热木星的星核。因为它的轨道是椭圆的,在八大行星中,它的偏心率最大(水星轨道的偏心率是 0.206),它 2/3 的物质是铁和镍,是热木星星核的物质。铁、镍熔点比较高,所以保留了下来(镍熔点 1 453 摄氏度,铁的熔点 1 535 摄氏度),其他物质被太阳风吹走。类似的行星星核还有开普勒-10b,平均密度 8.8 克/立方厘米(铁的密度为 7.9 克/立方厘米),比铁还重,是一颗重金属球。类似的行星还有 HD209458b、CoRoT-7b,这样的行星可能都是"热木星"的星核。

比碳还黑的热木星 TrES-2b 是迄今发现的最黑的行星。它的大气是黑色的,还夹杂着淡淡的红色。它的大小有木星那么大,距离宿主恒星 483 万千米(水星到太阳的距离近日点为 4 600 万千米),温度 980 摄氏度,是美国宇航局开普勒空间望远镜发现的。研究认为,这颗热木星的大气含有大量的石墨,它的陆地有大量的钻石(那里的钻石当煤烧),它的宿主恒星是一颗名副其实的碳星。唧筒座 υ 星、人马座 BPM37093 星、巨蛇座 PSR J1719-1438 星也是碳星。狐狸座 HD189733b 是一颗蓝色热木星。

天蝎星座恒星 Cancri55 有 5 颗类木行星,其中 3 颗热木星,2 颗冷木星,是目前发现的拥有最多的大行星系统,质量和年龄与太阳差不多,距离太阳41 光年。它最内侧的行星直径与海王星相近,距离该恒星只有 560 万千米(水星到太阳的平均距离为 5 800 万千米),公转周期 3 天;第 2 颗行星的直径与木星相近,距离恒星 1 800 万千米,公转周期 15 天;第 3 颗行星的质量与土星相近,距离恒星 3 590 万千米,公转周期 44 天;第 4 颗行星的质量是地球的 45 倍,它的温度可以保持液体水,公转周期 260 天;第 5 颗行星的质量是木星的 4 倍,距离恒星 5.8 天文单位,公转周期 14 年。热木星的存在,使主星在引力作用下不断摆动。

NGC1788 星云,昵称猎户座蝙蝠

八、γ射线暴

1. γ射线暴与超新星有亲缘关系

γ（伽玛）射线是一种电磁波，是继 α、β 射线以后的第三种原子核射线。γ 射线是波长更短、能量更高、穿透能力更强、对人体的破坏作用更大的一种射线，一旦辐射剂量过大（1500～5000 雷姆），两天内人的死亡概率为 100%。γ 射线是光的最高能量形式，是可见光的数万亿倍，可穿透几厘米厚的铅板。

γ射线暴（Gamma Ray Burst，缩写 GRB）是宇宙中某一射线源 γ 射线突然爆发的现象。有的 γ 射线暴一次爆发释放出的能量，相当于太阳 1 000 亿年释放的能量，亮度达到太阳的 100 亿亿倍，持续时间只有 50 毫秒到几百秒。

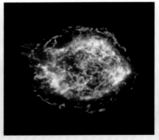

1967 年美国发射维拉（Vela）系列人造卫星，目的是观察苏联核弹爆炸发出的 γ 射线。经过 1 年的观测，没有发现苏联的核爆炸，却歪打正着地发现了太空中的 γ 射线暴。从此，天文学家们在观测星空的时候，经常注意到极其强大的"闪光"，那就是 γ 射线暴。天文学家们使用各种手段观测这种 γ 射线暴，至今已经发现 3 000 多个 γ 射线源，但在太阳附近 7 000 光年之内却没有一个。

2008 年，美国宇航局的天文学家们通过费米 γ 射线空间望远镜的观测，对 γ 射线暴有了深刻的了解。费米 γ 射线空间望远镜发现了 1873 个 γ 射线源，有 100 个来自脉冲星（其中 83 个来自银河系。质量比较大的恒星会引发超新星大爆发，星体物质分崩离析，星核形成中子星，高速旋转而造成周期性辐射的中子星叫作脉冲星），1 000 个以上来自剧烈活跃的星系核心 AGN（AGN 是中心核区活动性极强的河外星系，如 Markarian 509 星系、圆规座圆规星系），600 个左右找不到对应天体，可能来自黑洞、暗物质，或者来自距离太阳 80 亿光年之外。

1997 年 12 月 14 日，天文学家们观测到 GRB971-214 的 γ 射线暴，持续时间 50 秒，距离地球约 120 亿光年。50 秒释放的能量是银河系 200 年的总辐射量。

1999 年 1 月 23 日 GRB990-123 的 γ 射线暴持续时间 100 秒，距离约 102 亿光年。这些 γ 射线暴被认为是 100 倍以上太阳质量的超新星爆发产生的。大质量恒星超新星爆发以后,它的星核直接坍缩成黑洞,γ射线暴也就爆发了。从钱德拉空间望远镜观测到的天鹰座超新星遗迹W49B,观测到强大的γ射线暴余辉,一分钟之内γ射线暴流量达到1万个太阳亮度,人们看到强大的氢原子云、浓密的尘埃,因而确定γ射线暴与超新星有亲缘关系。超新星遗迹W49B的γ射线辐射集中在一个很小的角度范围内,而不是朝各个方向同性辐射,距离地球35 000光年。

2009年3月23日,费米γ射线空间望远镜发现一束γ射线穿透两个星系。

观测表明,超过2秒的γ射线暴源附近,都有一个超新星爆发遗迹。

2. 威胁地球的三大γ射线暴

地球被γ射线暴袭击的隐患之一来自船底座η星(海山二星)。该星视星等5,肉眼可见,距离太阳7 500光年,质量是太阳的150倍,亮度是太阳的400万倍。船底座η星已经演化成超新星。天文学家们认为,船底座η星的超新星爆发无疑会产生γ射线暴,如果击中地球,对地球将是一个灭顶之灾。那时地球大气受到γ射线重创,氧气、氮气被摧毁,形成二氧化氮,动植物的基因也被摧毁,生物链断裂。没有人知道船底座η星什么时候爆发,但也没有必要恐慌,因为地球被船底座η星γ射线击中的可能性极小,γ射线辐射集中在一个很小的角度范围内,而不是朝各个方向同性辐射。如果地球不在这个角度范围内,则安然无恙。

地球被γ射线暴袭击的隐患之二来自人马座WR104星,它是一颗沃尔夫-拉叶星,距离地球8 000光年,有一颗伴星,公转周期220天。主星是一颗O型星,内部非常活跃,外部活动非常猖狂,喷射出的大量物质阻挡了人们的观测。人马座WR104星已经发展成超新星,它的爆发迫在眉睫。有人认为4 000年前它就已经爆发,强大的γ射线已经在半路了。

观测表明,人马座WR104星的自转轴与地球的夹角只有16度(有的说30度),一般的超新星γ射线辐射正是从两极爆发的。不论16度,还是30度,夹角只有0.000 1度,在8 000光年之外也不能击中地球。

船底座η星

人马座WR104星

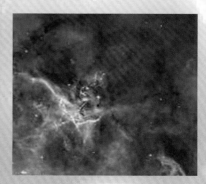

船底座HD93129A星

地球被 γ 射线暴袭击的隐患之三来自船底座 HD93129A 星。该星质量是太阳的 127 倍,在已知的大质量恒星中排第七名,是非常明亮的蓝色超巨星,距离太阳 7500 光年。HD93129A 是一颗双星,主星就是 HD93129A,伴星 HD23129B 也十分明亮,总质量超过太阳质量的 200 倍,光度是太阳的 550 万倍,温度 5.2 万摄氏度。

地球大气氮的含量 78%,氧的含量 21%。这就告诉我们,地球诞生 46 亿年而不曾被 γ 射线暴击中过。如果地球被 γ 射线暴击中过,氮气、氧气必然被轰击而产生二氧化氮,二氧化氮与水反应形成强腐蚀性的 HNO_3,地球会变成蛮荒星球。宇宙早期大质量恒星非常多,超新星爆发非常频繁,γ 射线暴此起彼伏,地球诞生 46 亿年也不曾被 γ 射线暴击中,现在被击中的可能性就更小了。

天空那么大,地球那么小,γ 射线流那么细,离地球那么远,辐射不是全方位的,几十亿年内地球被 γ 射线暴击中的概率为"无穷小"。

1979 年前后,人们发现了 4 个 γ 射线再现源,它们是 SGR0526-66、SGR1806-20、SGR1900+14 和 SGR1627-41,其中 1 个 γ 射线源重复爆发,从而产生了脉冲星模式。脉冲星的质量有太阳那么大,它的大小只有几百千米,自转速度很快。"雨燕"卫星观测到强磁星的 γ 射线暴,银河系人马星座 SGR1806-20 强磁星发生 γ 射线耀发,磁场强度 1 000 万亿高斯(地球磁场强度为 1 高斯)。看来,γ 射线暴产生的原理是不清楚的、不确定的,等待你去发现。

船尾座 NGC2438 行星状星云

九、星云

1. 好一朵玫瑰花

玫瑰星云 NGC2237 是一个大型发射星云,它的形状像一朵玫瑰花。中心有一个疏散星团,组成蓝色的花蕊,数以百计的大质量恒星是 400 万年以前形成的,它们以强大的星风吹出一个 130 光年的气泡,在大质量恒星的激发下,形成红色的花瓣,颜色从里到外逐渐变红,那是氢、氧和硫放射出来的光彩。大气泡中心还有小气泡,小气泡的边缘是一个浓密的隔离层,隔离层由尘埃和气体组成。该星云距离太阳 3 000 光年,星云的总质量为 1 万倍太阳质量(好重的玫瑰花)。

玫瑰星云 NGC2237

人马座三叶星云

● 人马座三叶星云

三叶星云也像一朵花,位于人马座恒星密集区,距离地球 5 400 光年,年龄约 300 万年,宽度有 20 光年。三叶星云是由气体、尘埃和正在形成的灼热恒星构成的巨大产星云。三叶星云里布满了正在形成的灼热恒星,它们发育迅速,光学望远镜捕捉不到它们的发育过程。但是,斯必泽空间望远镜拍摄的照片,使我们看到了正在形成的灼热恒星的胚胎。根据恒星胎红外亮度的变化,可测量出恒星胎的成长速度。三叶星云中的大质量恒星的年龄只有 130 万年,非常年轻,非常活跃,表面温度也非常高。这些大质量的恒星发射出紫外线,激发周围气体放射出美丽的光辉,有红色、蓝色、黄色、绿色,颜色鲜艳,形态美妙。是这些大质量恒星的

发射星云

星风和它的各种辐射,塑造了三叶星云现今的模样。

发射星云是能辐射出各种不同色光的等离子气体云,不同的物质元素有不同的颜色。星云中大质量恒星辐射出来的高能量光子制造出气泡。发射星云是年轻恒星诞生的场所,大质量恒星的辐射造成了物质游离,形成等离子。

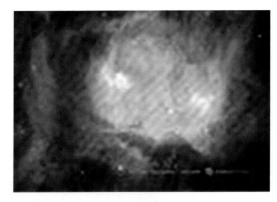

鬼头星云   鹰状星云

著名的发射星云有天鹅座北美星云(NGC7000)、网状星云(NGC6960)、人马座礁湖星云(NGC6523)、猎户座猎户星云(M42)以及卡里纳星云(NGC3372)等。

2. 灵魂星云和心状星云

灵魂星云 IC1848:下图是美国宇航局 NASA 提供的图片,下左图左侧就是灵魂星云,由美国宇航局广域红外探测器望远镜拍摄的照片拼接而成。图片显示,一大片蓝色恒星在浓密的星云里诞生,大质量蓝色恒星的辐射非常强大,把附近的气体和尘埃推向外围。星云的形状是由蓝色恒星辐射的情况决定的,就像人的灵魂主宰人的行动那样,人们称它为灵魂星云。

灵魂星云范围大约有 150 光年,中间疏散星团的恒星星风不但将外围星云空间凿

灵魂星云与心状星云

三角座 NGC 604 星云

大,还会压缩大洞中的物质形成新的恒星。观测发现,这个灵魂星云在不断长大,弄得外围空间凌乱不堪。

心状星云 IC1805:心状星云 IC1805 与灵魂星云非常贴近(上左图右侧),它的形成与灵魂星云如出一辙,是横跨 200 光年的发射星云。由于它形状像心脏,故被称为心脏星云。星云非常活跃,心脏的右上角形成白色的星团,并不断向外扩展,不断发射气体子弹,不久就有一个新的心脏形成。其位置在银河系的英仙座旋臂上,距离太阳6 000 光年。不论灵魂星云还是心状星云,它们都是非常活跃的。光谱分析显示,这片星云由氢和氦组成。氢、氦等离子体很容易形成大质量恒星,是大质量恒星的辐射造就了灵魂,造就了心脏。

三角座 NGC604 星云:NGC604 星云有 200 多颗大质量恒星,这些恒星一般为20~200 倍太阳质量,它们强大的星风把星云凿出很多大洞,整个星系十分活跃,覆盖1 500光年。这些恒星辐射的紫外线使氢游离,形成巨大的氢原子云。那些 100~200倍太阳质量的恒星已经演化成超新星,不久就会超新星爆发。该星云距离地球 270 万光年,星等 12。

船底座卡莉娜星云:船底座卡莉娜星云有 12 颗大质量恒星,每颗都有 100 倍太阳质量。它们强大的紫外线辐射将气体云弄得凌乱不堪,处处是旋涡,结构错综复杂。左端的艾塔恒星动作更大,很快就会超新星爆发。该星云距离地球 7 500 光年。照片是由哈勃空间望远镜拍摄的 49 幅照片组合而成的。

3. 亲眼看到恒星的形成

巨蛇座 M16 星云是由原子、分子和很小的尘埃颗粒组成的,这些星际物质和太阳的物质很相近,每一个尘埃颗粒就有 6000 个氢原子和几个氧、氮原子。

弥漫星云在运动的过程中,不可避免地会"有疏有密",稠密的部分在引力的作用下有收缩的倾向。当物质足够多、密度足够大、温度足够冷并达到一定质量的时候,气团就会引起"引力塌缩",形成新的分子。星云中含有大量的尘埃,因为恒星形成区域有大量的紫外光子,这些紫外光子对刚刚形成的分子有重新摧毁的作用,而尘埃有吸收紫外光子的能力,从而保护了分子的快速形成。

当质点达到一定的直径时,原子和分子仍然继续聚集,聚集速度不断加快,那些暗云里的质点因凝结而形成黑色球状体(图中的黑点),在引力作用下,物质向黑色球状体聚集,产生热量,然后再发育成温暖的恒星胎。恒星质量的下限是太阳质量的 7.5%,这是产生氢的核聚变所需的恒星临界质量。发现的质量最小的恒星是船底座 OGLE-TR-122B 星,质量是太阳的 8%,直径是太阳的 12%。

这些恒星胎有单个的,也有双胞胎,甚至还有多胞胎。当积聚的物质达到足够的质量,温度达到 2 000 摄氏度左右的时候,中心的氢分子便分离成氢原子。

温暖的"恒星胚胎"为什么是温暖的呢?胚胎不是大象肚里的那个小象胚胎,而是比大象要大很多倍的"怪胎"。恒星胚胎是比未来的恒星大很多倍的蓬松的胎。通过计算,弥漫星云中形成太阳那样的恒星,它的恒星胚胎比太阳大几百倍。如此大的恒星胚胎,在聚集物质的时候,物质像自由落体那样向恒星胚胎中心掉落,在中心强大引力下掉落速度很高。当快到中心的时候,物质密度增大,速度降低,最终会停顿下来,物质的动能转变成热能,使温度增高,分子分离成原子,形成一个由原子组成的核心,质量也越来越大。恒星胚胎外围物质不断向中心掉落本身就是在收缩,使温度升高。

当温度达到 100 万摄氏度时,氢的同位素氘(一个质子,一个中子)开始发生核反应。当中心温度达到 1500 万摄氏度时,引发氢的核反应,变成一颗名副其实的恒星。

恒星 HBC722 仍在尘埃盘中,一些物质不断落入这颗恒星,与星云中的其他恒星没有特别之处。突然,这颗恒星在 2010 年 6 月开始增亮,比平时多出几十倍的物质流量倾泻到这颗恒星上。2010 年 9 月,这颗恒星增亮 20 倍,接着释放出大量的热量,人们又一次亲眼看到恒星的形成。

4. 叛逆的天使与孤独的星爆

一团几十万光年大小的氢气云(红色),在 Sh 2-106 区域沉睡了 100 亿年,无疑是一座原始气云。不料在几百万年以前,一颗巨大的恒星 S106 IR 在气团中心诞生,立即搅动了氢气云的宁静。这颗巨大的恒星向外喷射物质,像一位"张开翅膀的宇宙天使",企图振翅飞离这团母氢气云,故称其为"叛逆的天使"。从此,大量恒星在这里形成,成为"恒星形成区"。照片由哈勃空间望远镜拍摄。

叛逆的天使

"创造之柱"

　　几十亿年以前,船底星座的一个区域诞生了几十颗非常密集的类日恒星,恒星中心经历了 4 个氢原子聚变成 1 个氦原子、3 个氦原子聚变成 1 个碳原子的反应,这些核反应程序丢失了千分之八的质量而转换成能量,使恒星中心温度不断提高。由于这些恒星的质量只有太阳质量的 1.5 倍左右,质量太小,故不能引发碳的核聚变。这些类日恒星正步入灭亡的阶段。恒星内部的温度越来越低,热压力不能抵抗引力的作用,内部猛烈坍缩,形成体积很小的碳白矮星,所释放的势能达到 10^{46} 焦耳。如此巨大的能量,以强大的星风和冲击波的形式把恒星外层冲散,形成一大团以碳为主的高温气团。气团在运动,落在后面的碳物质形成一个柱,这就是哈勃的"创造之柱"。

NGC1569

NGC1569原本是一座氢气云,沉睡了几十亿年,安静无比。让人迷惑不解的是,它突然形成了大量恒星。是谁触发大量恒星形成的呢?它右面的尾巴露出了马脚。研究认为,这是另一座氢气云的尾巴,是另一座氢气云撞击而触发的NGC1569星爆,原本叫作"孤独的星爆"并不孤独。照片由哈勃空间望远镜拍摄。

5. V838恒星爆发照亮了它的过去

红巨星V838一次巨大的爆发,发出强烈的光压在它的气团中凿开了一个洞,发出强烈的光线照亮了它的过去。

麒麟座V838是一颗新星,2002年3月突然爆发,亮度猛增到太阳的60万倍,喷射出大量的物质。为了看清爆发2.5年后的真实色彩,哈勃空间望远镜将镜头增加蓝、绿、红外光的滤光片分别拍照,然后再合成。我们可以看到,照片中心的那颗红巨星非常明亮,爆发产生的物质向外扩散,爆发产生的强光向外辐射,陆续照亮了它的过去。

由于V838恒星的质量是太阳的4倍,可能引发碳的核反应,温度剧增,恒星表面不稳定,出现新星的现象是不可避免的了。但是,V838恒星不会发展成超新星而分崩离析。主流理论认为,大于7.8倍太阳质量的恒星才有可能爆发超新星。

2002年5月新星爆发的光线传到直径1光年的范围(下图第一幅),物质极速扩散,明亮,有尘埃,那时已经新星爆发一年了(下图第二幅)。接着光线继续向外传递,2002年12月,直至2004年2月陆续照亮直径6光年的范围(下图第三、第四幅)。

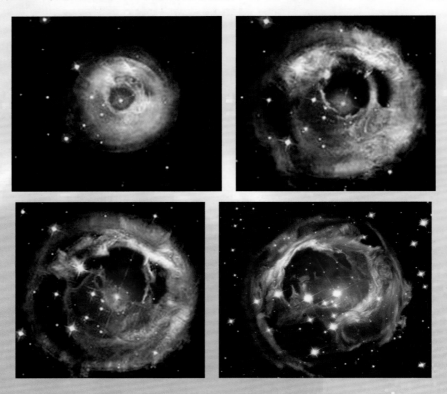

6. 猎户座马头星云

猎户座马头星云是著名的暗黑星云。马头星云在新恒星诞生的区域,距离地球 1300 光年,马头的长度就有 1 光年。在 2001 年 4 月 24 日庆祝哈勃空间望远镜升空 11 周年时,天文爱好者们签名要求哈勃空间望远镜对准马头星云,希望看一看天马的尊容。于是,哈勃空间望远镜发回黑马图像照片。

猎户座马头星云

麒麟座圆锥星云能告诉我们暗黑星云是怎样产生的,星云上方的星团 NGC2264 的强大辐射把星团中的炭黑尘埃吹向运动的后方,使氢放射红光。

麒麟座圆锥星云

"木星的幽灵"

暗黑星云在宇宙中是常见的,著名的暗黑星云有蛇夫座 S 暗黑星云,是寒冷的分子云。暗黑星云背面的恒星不能见,说明暗黑星云很厚实;星中的恒星不能见,说明暗黑星云很浓密。蛇夫座 S 暗黑星云距离地球 500 光年左右。

因为有蓝色和白色区域,长蛇星座 NGC3242 星云,有些像木星,因而被誉为"木星的幽灵"。那副幽灵般的脸庞,两只大眼睛,一个大耳朵,两撮头发直立的形象,让人叹为观止。两颗十分明亮的恒星,把一些其他恒星抛出的气体照亮,形成一个巨大的鬼脸。它距离地球 1400 光年。

7. 大犬座雷神的头盔

大犬座 NGC2359 星云俗称"雷神的头盔"。这个雷神的头盔十分复杂,有一对闪电般的犄角,两旁还有一对护耳、脖套、头缨,有一大堆蓝色的巨泡,巨泡下面有成团的尘埃云,尘埃云埋葬了附近的恒星。这个头盔的大小有 30 光年,只有雷神才能使用这么大的头盔。《三国演义》周瑜大都督的头盔就是仿照"雷神的头盔"设计的。它距离地球 1.5 光年,寿命 10 万年左右。

"雷神的头盔"　　　　　　　　　　南三角座 MyCn18 星云

是谁把这片均匀的星云弄得凌乱不堪?是一颗气泡中心附近的沃尔夫-拉叶星。这颗沃尔夫-拉叶星有 10 倍太阳质量,是蓝巨星。它以强大的高速星风向外抛射物质。沃尔夫-拉叶星表面温度 1 万～10 万摄氏度,银河系大约有 150 颗,大麦哲伦星系有 100 颗,小麦哲伦星系有 12 颗。光谱分析显示,它们大都是含碳多的碳星、含氮多的氮星、含氧多的氧星,用光谱能把它们分辨出来。

沃尔夫-拉叶星诞生的时候有 20 倍太阳质量,属于中等质量恒星(船底座 η 星 150 倍太阳质量),恒星中心温度最高,压力最大,4 个氢原子聚变成 1 个氦原子的反应进行非常剧烈。随着时间的推移,恒星核心温度提高,引发氦的核反应、碳的核反应、氧的核反应、硫的核反应,每个过程损失千分之八的物质变成热量。沃尔夫-拉叶星质量中等,不能引发深一层的核反应,已经歇斯底里大喷发了,喷发速度达到 2 000 千米/秒。

沃尔夫-拉叶星大都诞生在浓密的星云之中。把星云凿成各种形象是可以理解的,至于弄成什么形象是难以预料的。

沃尔夫-拉叶星内部核反应损失质量变成能量,外部强大的星风也损失质量,它不断"瘦身",直至露出核心,可能形成中子星。如果中子星的质量达到 3.2 倍太阳质量,它就直接坍缩成夸克星或黑洞。天鹅座 V444、HD219460 恒星是著名的沃尔夫-拉叶星,NGC7293、NGC2392 是著名的沃尔夫-拉叶星造成的星云。

南三角星座(TrA)MyCn18 云环是非常罕见的天体,中间的热星在爆发时喷射的物质形成两个粉红色的环,显示末日即将来临。图片是 1995 年 3 月由哈勃空间望远镜拍摄的。为什么喷射出两个环呢?它中间的热星是双星,主星和伴星质量相当,都曾经爆发过一次,主星毁灭了,变成了白矮星,伴星还在。距离地球 8 000 光年。南三角星座恒星的 60% 是双星,双星同时爆发却十分罕见。

光谱分析显示,红色辉光含有大量的氮,绿色的是氢,蓝色的是氧,中间的恒星质量至少是太阳的 14 倍。

8. 类日恒星最后的辉煌

太阳的质量为 1.989×10^{27} 吨,半径 69.5 万千米,每秒消耗 6 亿吨氢,变成 5.952 亿吨氦,"丢失"的 480 万吨物质转换成了能量,使太阳每秒释放出 3.8×10^{26} 焦耳的热量。地球得到的只是其中的 22 亿分之 1,就使地球生机盎然,太阳多么伟大。然而再过 50 亿年,无论我们多么爱它,太阳也会像它的同伴那样死去。

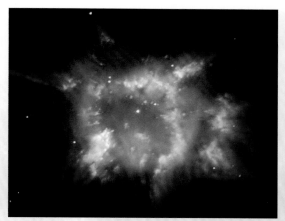
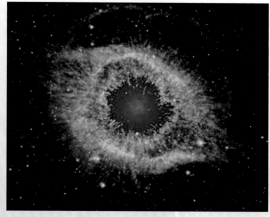
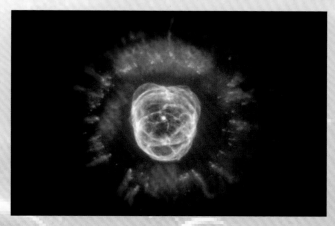

银河系已发现类似太阳的恒星 14 万颗,年龄老的类日恒星经过氢聚变成氦、氦聚变成碳,质量稍大的有可能碳聚变成氧。由于类日恒星的质量太小,不能引发下一层次的核反应。恒星中心的核反应熄灭,温度极速降低,热压力不能抵抗引力的作用。巨大的恒星向内垮塌下去,所释放的势能达到 10^{46} 焦耳。如此巨大的能量,以强大的冲击波形式把恒星外层冲散,中心形成白矮星。

9. 星空中的山茶花

天琴座环状星云 NGC6720（M57）像一朵盛开的山茶花，它的花瓣上有淡淡的红色，还有粉色的花蕊、淡绿色的花芯。这朵"山茶花"的直径大约有 1 光年，一艘宇宙飞船以 30 千米/秒的速度，从花瓣的边缘到对面花瓣需要飞行 1 万年。这是我们看到的最大的"山茶花"。

这片环状星云的中心是一颗不断向外抛射物质的恒星，它的"花瓣"就是这颗恒星抛出的物质在它的紫外线照耀下发出的光。中心有一颗很暗的星，这颗星只有很大的望远镜才能看到，但很容易拍摄在相片上。这个特点预示着它是一颗蓝色的星，绝对星等 2 ~ 3，质量比太阳大几倍。

10. 天龙座猫眼星云

宇宙中会吹泡的星比比皆是，其数量比地球上会吹肥皂泡的孩子还多。会吹泡的星有的吹成水晶球，有的吹成一大群泡泡组成一只蚂蚁，有的吹成一个猫眼，有的吹成一个葫芦，有的吹成一个绿色幽灵，还有的吹成一朵山茶花……最小的泡泡 300 天文单位，最大的泡泡几十光年。

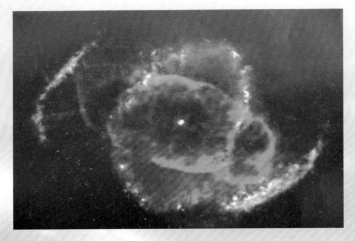

猫眼星云

猫眼星云中心是蓝色的瞳孔，中央是红色的眼球，外围是绿色的睫毛，形状优美奇特。仔细观察猫眼星云的中心，有 11 个比较暗的蓝色同心球层，说明中心恒星曾经发射物质性的脉冲。猫眼"瞳孔"的直径就有 0.5 光年——好大的"猫眼"。

中、高金属度的老年恒星都环绕着某种天体，特别是 8 倍太阳质量以上的恒星，当它们面临死亡的时候，抛出的气壳形状受到环绕的某种天体影响而变形。

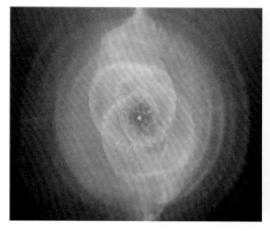

猫眼星云"瞳孔"

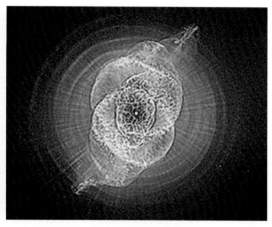

猫眼星云合成

11. 星际分子云

船尾座葫芦星云距离地球 5 000 光年。在 800 年以前,这颗年老的恒星开始喷发出大量的气体,气流速度高达 450 千米/秒,气流形成的冲击波像一个巨大的撞锤,撞击周围的星际物质,发出蓝色的光。对那颗年老的恒星进行光谱分析显示,它含有大量的硫。它喷出的气体会有强烈的臭蛋气味,所以船尾座葫芦星云又被称为"臭蛋星云"。

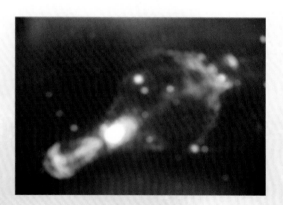

船尾座葫芦星云

巨蛇座红色气云

圣诞大气泡

在人马座 B2 星际分子星云中发现二醇醛。这是一种含有甜味的碳水化合物,人们称它是"甜味星云"(不知道有没有巧克力味儿的星云)。巨蛇座的一片尘埃带中,产生了一批多胞胎恒星,恒星群背景上的红色条纹是"多环芳烃"碳氢化合物,烧肉的气味。星际分子是近代天文学的四大发现之一(另三个是类星体、脉冲星和宇宙背景辐射)。大麦哲伦星系漂浮着一个巨大的气泡,是400年前一颗超新星吹起来的,直径23光年,被昵称为"圣诞大气泡",编号SNR0509,以3 000千米/秒的速度向外扩散。

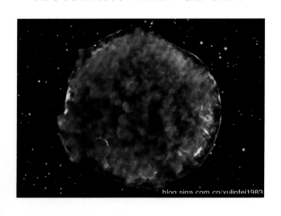

blog.sina.com.cn/xulinfei1983

"圣诞大气泡"的前身是一颗蓝巨星,超新星爆发之前曾经小规模喷发过几次,形成了几个环,低速向外扩散;400年以前超新星大爆发,大爆发产生的辐射,以3.2万千米/秒的高速度赶上了那个小规模爆发的环,环上的物质被加热到1 000万摄氏度,使这个气体环发亮。超新星喷射的物质依稀可见,表明是超新星爆发照亮了它的过去。无独有偶,第谷超新星遗迹显示,它爆炸产生的辐射进入周围的气体中。该超新星外层边缘的紫色弧状结构温度高达2 000万摄氏度。

12. 星空中的小池塘

御夫座IC410是一座发射星云(右图),昵称"小池塘"。一弯蓝色的湖水,几座孤立的小岛,黄褐色的湖岸蜿蜒曲折,两条水蛇逍遥自在,距离地球1.2光年。其实,这里并不安静,大量的气体从这里发射,这是中心几颗大质量恒星所为,方向错综复杂,把两座年老星团(两条小蛇)吹得摇摇欲坠,星团前沿产生高温,甚至将第二座星团吹散,形成弯弯曲曲的尾巴。

黄褐色的湖岸是"小池塘"的前景,处在地球和小池塘之间,主要成分是硫。

仙后座NGC7635

仙后座NGC7635也被称为"小池塘",是一颗大质量恒星开凿的。这颗恒星BD+602522产生的星风把浓密的星云推开,形成一个蓝色的湖(左图)。湖中冒出一个巨大的泡泡,直径10光年,泡泡中心是一颗垂死的恒星。

盾牌座IC1295星云是由一片独一无二的绿色云团,是一颗死亡恒星外层物质形成的。天猫座PK164+31.1是颗含氢的红色"水晶球",只有大型望远镜才能观测到它的多层气壳结构,距离地球 1 600 光年。人马座 NGC6559 星云距离地球 5 000 光年,不知它正在创造什么模样的星云。

盾牌座 IC1295

天猫座 PK164＋31.1

13. 矩尺座蚂蚁星云与赫比格-阿罗天体

巨大的蚂蚁星云 Menzel-3 是以一颗恒星为中心、由尘埃和气体构成的云团,简称 Mz3,它的外形与蚂蚁相似,俗名蚂蚁星云,位置在矩尺星座,距离地球 5 000 光年,跨度约 3 光年(好大的蚂蚁),孙悟空一个筋斗十万八千(公)里,每秒翻一个筋斗,从蚂蚁的后脚翻到前脚,也需要 8 年。蚂蚁星云中心的那颗恒星,正以 1 000 千米/秒的速度向外喷射气体和尘埃,组成蚂蚁的脚,此前小规模的爆发形成的波瓣在两端突出,形成蚂蚁的身。

蚂蚁星云中心的那个恒星是球形的，为什么它喷出的气体不是球形而是对称的呢？这是因为蚂蚁星云中心恒星磁场极强，有1 000亿高斯（太阳磁场强度1 000高斯），整个恒星被强磁场所包围。那颗恒星喷射气体的时候，被强大的磁场阻断，只能沿着两极喷出，然后再扩散。它喷出的气体非常强大，浓度比太阳的星风高出100万倍。蚂蚁星云中间的那颗恒星还有一颗伴星，伴星围绕主星绕转，引力使主星不断摇晃，很像一只活生生的、正在爬行的蚂蚁。现在拍摄到的蚂蚁星云仍然在喷发气体。由哈勃空间望远镜拍摄的蚂蚁星云照片被天文学家们评为十大最佳图片第二名。

无独有偶，蝴蝶星云（左上图）与蚂蚁星云非常相似。

● 赫比格-阿罗天体

一颗恒星胚胎诞生在星云尘埃中，一些物质不断落到胚胎上，与星云中的其他恒星没有特别之处。当运动到星云更稠密的区域时，它突然开始增亮，比平时多出几十倍的物质流量倾泻到这颗恒星上，使这颗恒星增亮30倍，接着释放出大量的热量。人们又一次看到一颗新恒星的形成。

刚刚形成的恒星非常炽热，其内部物质像开水一样翻滚，搅拌沸腾，摩擦对流，产生运动电荷。磁场是由运动电荷产生的。在高速翻滚和对流的共同作用之下，一个被称为"发电机"的原理将整体磁场建立起来。磁场强度不断增大，甚至达到1 000亿高斯（太阳约1 000高斯。地球磁场1高斯，相信太阳诞生时磁场强度也很高）。磁场每根磁力线的两端均从星体的外壳上穿过（右图），整个恒星不断磁化。

磁力线将整个新恒星包裹起来。新恒星释放的能量95%受阻，强大的新恒星辐射只好沿着磁轴方向集中释放，由5%区域释放出95%的能量，形成强有力的等离子喷流。

如果那颗新恒星诞生在非常稠密的星云尘埃环境中，强有力的等离子喷流与周围的气体云和尘埃云将激烈碰撞，产生光亮，形成赫比格-阿罗天体。如果环境物质不够稠密，或者喷流不够强大，赫比格-阿罗天体就比较暗淡，甚至不能显现在望远镜里，就没有这样的天体。星云中的新恒星有强大的星风,造成星云局部不断运动,变幻无常。赫比格-阿罗天体也跟着变化,千姿百态,寿命不长,是暂短的(约 1 000 年)天文现象。

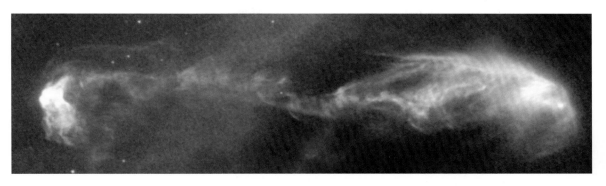

赫比格-阿罗天体属于星云的范畴。上图编号是 HH47。

人马座 NGC6559 星云距离地球 5000 光年。红色的是氢,明亮的是恒星或星团,黑色的是尘埃带,蓝色是大质量恒星发出的光。

101

十、新星与超新星

1. 多次爆发的武仙座新星

所谓新星,不是新诞生的星,而是某些星突然爆发,光亮骤增,释放出巨大能量,抛出异常多物质的星。它们爆发的时候,大放光芒;爆发以后,没有分崩离析,只是光亮骤减,以后仍然存在。

1934 年武仙座新星是天文学家们发现的最典型、最著名的新星。爆发前是一颗很不起眼的 14 等星,1934 年 12 月 12 日突然增到 6 等,12 月 22 日达到极亮 1.5 等,一直到 1949 年才降到 13.5 等。爆发期间所消耗的能量仅是这个星总能量的万分之一,其余仍是储蓄的能量,供这个星几千万年的平时消耗和数千次的爆发。它距离地球 1 700 光年。

鹿豹座 Z 星也是一颗新星,天文学家们把它归类为矮新星。鹿豹座 Z 星与众不同的是,它过去曾经喷射出一个黄色的圆环,那就是一次爆发。鹿豹座 Z 星附近有比较稠密的星际介质,它不断吸集这些介质,一旦达到某一程度,核聚变就会加剧,再来一次新的爆发。

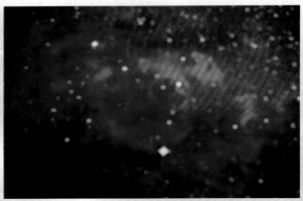

多次爆发的新星　　　　　　　　仙后座 NGC7635 星云中有灼热的气泡

仙后座 NGC7635 星云中有灼热的气泡,在气泡的中心,就有新星爆发。新星的爆发只局限在热星的大气里,而不是整个星球的爆炸。当新星的大气由于过热失去平衡的时候,大气的外层被排斥出去,就像我们看到壶中的热水由于沸腾蒸汽顶开壶盖儿那样。星球的大气外层被排斥出去以后,在短时间内露出星球温度较高的内部,这便是新星极亮的阶段,我们看到的就是新星爆发了。被排斥出去的星球外层大气以高速度向外膨胀,形成气壳。气壳接收从星球内部漏出来的极亮光线,使膨胀继续进行。随着时间的推移,气壳物质愈来愈稀薄,形成星云或气泡。在银河系已经发现数百颗新星,我国古书也有 90 颗新星的记载。

北冕 T 星也是一颗"再发新星"。它第一次爆发后 80 年,于 1946 年 2 月第二次爆发。第二次爆发过后,星等仍然是 2 等。罗盘座 T 星也是一颗"再发新星",人们已经看到罗盘座 T 星四次爆发了,四次爆发以后亮度仍然未变。1890 年罗盘 T 新星爆发,爆发的亮度变化很小,爆发时的亮度只有原来的 100 倍,而不是通常的 10 万倍。爆发的亮度如此不大显著,爆发的频率应该是较高的。果然,1912 年、1920 年、1944 年连续四次爆发的间隔时间只有几十年,这是人们发现的宇宙中最小的新星爆发。1934 年武仙座新星大爆发,爆发的频率是很低的,它下次爆发大约在 2 亿年以后。

蛇夫座 V1195 也是一颗"再发新星",曾经在 1956 年和 1959 年两次爆发;猎户座 V529 曾经在 1667 年、1740 年、1894 年三次爆发;天蝎座 U 星已经四次爆发了。

2. 最强的超新星爆发

超新星是大质量恒星的整体爆炸。大质量恒星中心的 4 个氢原子聚变成 1 个氦原子的反应进行得非常剧烈,这个过程丢失千分之八的物质变成热量,温度达到 1 亿摄氏度左右。氦发生热核反应,开始了 3 个氦原子聚变成 1 个碳原子的反应,温度达到 6 亿摄氏度左右,引发碳的核反应、氧的核反应、硫的核反应……产生难以置信的高温,将外围物质喷发出去。就像一个"礼花弹"被点燃,内部产生高温,外部被炸开。恒星质量越大,超新星爆发得越早。超新星爆发时亮度达到 120 亿个太阳。

英仙座 SN2006gy 超新星是迄今为止天文学家们发现的最明亮的超新星,它的亮度达到太阳的 500 亿倍,爆炸时间长达 2 年。英仙座 SN2006gy 超新星是美国 X 射线空间望远镜发现的,位于 NGC1260 星系之中,距离地球 2.4 亿光年。100 倍太阳质量的恒星诞生 4 000 万年就会有超新星爆发,120 太阳质量的恒星诞生 270 万年就会有超新星爆发,爆发以后的星核坍缩形成恒星级黑洞。一颗恒星级黑洞平均约 5 倍太阳质量。

船尾座 A 超新星的遗迹显示一片红色,是 3 700 年前爆发的,它的光芒现在才传到地球。绿色和蓝色部分是另一次超新星爆发留有的遗迹。大爆发也炼成一些化学元素,一起抛向空间。比较大的恒星星核,按质量大小依次形成中子星、脉冲星、夸克星或黑洞。

超新星大爆发　　　　船尾座 A 超新星遗迹　　　　N49 超新星遗迹

超新星爆发都留有遗迹,找到相关的中子星却寥寥无几。银河系有 200 多个超新星爆发遗迹,找到相关的中子星只有 16 个。不排除它可能与超新星一起爆炸成碎片,如 SK-69 是一颗镍星,来自超新星炸碎了的核心。

超新星爆发是惊心动魄的、分崩离析的巨大爆发。爆发是不对称的,往往会把中子星射向一边,以高速度远离超新星遗迹,形成高速的中子星。发现一颗名为 RX J0822-4300 的中子星正以 1 340 千米/秒的速度运行,它就是被超新星爆发喷射出来的。运行速度超过 1 000 千米/秒的高速星几乎都是中子星。

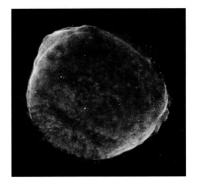

超新星 1006

超新星遗迹往往氢、氦在最外层,往里是硫和硅元素,再往里是铁元素,重金属在中心,是由不同化学元素同心层构成的。

大麦哲伦 N49 超新星遗迹是钱德拉、哈勃空间望远镜分别拍摄后合成的图像。蓝色的主要成分是镍,高温,放射 X 射线,来自核心。黄色的主要成分是氢。N49 超新星爆发并不剧烈,它顶部的中子星被抛射出去,每秒只有 20 千米(一般为 1 000 千米/秒)。

NGC6822 星系中的超新星 SN2007bi,经过 555 天才暗淡下来。半人马座超新星爆发以后,660 天以后才渐渐暗淡下来,这是迄今发现的爆发时间最长的超新星。

中国古书《宋会要辑稿》记载:"景德三年五月一日,司天监言见大星,色黄,出库楼东,骑官西,渐渐光明,测在氐三度。"(景德三年:1006 年。库楼东,骑官西:人马星座以东,豺狼星座以西。氐三度:离地平线三度。)超新星 1006 遗迹目前还在高速膨胀,尺度有 70 光年,从而能计算出它的膨胀速度为 2 900 千米/秒。MHS14-415 是遗迹中的射电源,是颗中子星。主流理论认为,中子星掠夺伴星物质而引发了超新星爆发。本书不这样认为。

3. 中国新星

最著名的超新星是中国《宋史》记载的、1054 年发现的金牛座超新星,国际天文领域称其为"中国新星"。中国新星是古人用肉眼发现的,没有现代标准的光学和光谱数据,只有古书的记载。据《宋史·天文志》记载:"至和元年五月乙丑(公元 1054 年 6 月 10 日),客星出天关东南(超新星出

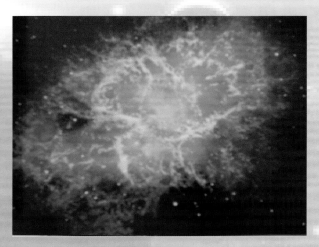

现在金牛座ζ星），可数寸，岁余稍没。"我国史书《宋会要》记载："至和元年五月，晨出东方，守天关，昼见如太白，芒角四出，色赤白，凡见二十三日。"（1054年6月，金牛座ζ星附近发现超新星，白天还像金星那样明亮，色赤白，光芒四射。这种情况持续了23天。）这颗超新星距离地球7 000光年，爆发时达到惊人的亮度，估计绝对星等－16。它爆发时喷射出的物质形成的星云，现在仍然还在膨胀。这就是著名的蟹状星云。

蟹状星云是银河系最明亮、最年轻、最容易观测的超新星遗迹。超新星爆发是这颗超巨星演化的终点，也是中子星、脉冲星诞生的起点。1054年金牛座超新星爆发剩下的残余只有一个坚实的星核，它的密度非常大。蟹状星云的中心有一颗脉冲星——PSR0531＋21，被命名为蟹状星云脉冲星，直径16千米，每秒旋转30周，这颗脉冲星是那个坚实的星核。蟹状星云不是通常的充满尘埃的星云，看不到烟尘大小的含碳粒子。人们认为蟹状星云是干净的"无烟星云"。

蟹状星云已经膨胀了1 000年了。通过观察，发现它的膨胀速度不是减慢了，而是在不断加快。是什么力量使它的膨胀加速呢？一般超新星遗迹100年以后辐射能量都非常低，而蟹状星云的辐射已经1 000年了，总辐射功率仍然很大。它的能量从哪里来？蟹状星云是很稀薄的气体，它的范围也不大，如此小的范围，辐射如此之大，研究认为是暗物质和暗能量参与了蟹状星云的膨胀和辐射。暗能量占宇宙成分的73％，暗能量参与了宇宙的加速膨胀，也许暗能量也参与了蟹状星云的膨胀和辐射。

4. 仙后座A超新星

仙后座A超新星是1572年11月11日天文学家蒂乔发现的，它爆发以后中心形成了一颗密度比较大的中子星。这颗中子星十分安静，也没有脉冲。照片由来自斯必泽空间望远镜的红外数据、哈勃太空望远镜的可见光数据和钱德拉X射线数据叠加而成。

仙后座A超新星遗迹　　　　　　　　　　　　蛇夫座超新星遗迹

2004年9月，钱德拉空间望远镜拍摄仙后座A超新星遗迹，持续11天，拍摄到精细度超过200倍的图像。气壳的直径10光年，氢、氦在最外层，往里是硫和硅元素，红色丝状物是铁元素,重金属在中心,爆发以后形成的物质元素含量与元素周期表非常匹配。

2004年10月,西班牙巴塞罗那大学的天文学家们发现了这颗超新星的伴星,伴星的表面温度和亮度与太阳相似。这颗伴星在超新星爆发的时候,离超新星非常近。主星爆发亮度达到120亿个太阳,喷射出大量的物质,膨胀的速度达5000~1万千米/秒。它的伴星受到如此打击,居然还能生存下来,简直是个奇迹。它距离地球1万光年。

钱德拉空间望远镜拍摄仙后座A超新星遗迹,发现有两个巨大的偶极喷流,从中心向外延伸10万光年。喷流中有大量的硅、少量的铁。

钱德拉空间望远镜还发现仙后A遗迹中的中子星10年内温度下降了4%。对于星体来说,10年是个小数字,而4%的温度降幅却是个大数字。仙后A中子星为什么温度有如此较大的降幅呢?中子星其实是原子核紧挨在一起的巨大的原子核,中子星的密度就是原子核的密度。超大的中子星超流性和超导性是无与伦比的,是没有阻碍的,会形成大量中微子。可能中微子大量逃逸带走了能量,使温度下降。

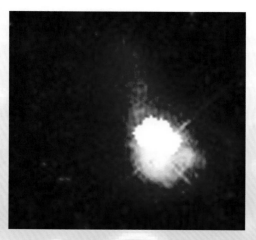

通过对银河系附近星系的统计,每座星系平均300年爆发一颗超新星,银河系已经400年没有超新星爆发了。

宇宙初期形成大量太阳质量100~170倍的大质量恒星。这些恒星几乎同时形成,此后这些恒星组成星系。有些星系由30亿颗至50亿颗大质量恒星组成,这样的星系没有维持多久,此后就大规模、陆续超新星爆发了。一颗超新星亮度可达120亿个太阳,一座星系每年上百颗超新星一起爆发,十分明亮。这样的星系就是类星体(左图),经过4000万年连续的爆发就熄灭了。遥远类星体的光线几十亿年到100亿年才传到地球。目前,已经没有那么多大质量恒星集中了,超新星爆发也就少了,超新星爆发频率大大降低。

5. 1987A超新星

1987年2月,一位加拿大天文学家在大麦哲伦星系中发现了一颗5等星,肉眼可见,很快就被证实是一颗超新星,引起了轰动。

自从1604年在银河系蛇夫座发现超新星以来,还没有发现过用肉眼看到的超新星,就是用望远镜也不曾发现银河系的超新星。近几年发现的超新星都十分遥远。这颗被命名为1987A的超新星离我们很近,在大麦哲伦星系,只有16万光年,这是人类400年以来首次用肉眼看到的超新星爆发,是20世纪天文领域里最重大的发现之一。

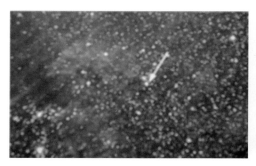 

超新星 1987A 爆发前后

天文学家们认为超新星爆发一定伴随中微子辐射,然而仅仅探测到一次,就是超新星 1987A 大爆发。爆发时,它辐射出的中微子最先到达地球,3 个小时以后光子才到达地球。3 个中微子探测器只发现 24 个中微子。中微子是比原子还小的粒子,不与任何物质发生作用。

超新星 1987A 爆发 90 天后亮度达到极大,300 天以后人们就看不见它了。几年以后,哈勃空间望远镜对它的遗迹拍照,发现超新星 1987A 有一个大光环,以 3.2 万千米/秒的速度膨胀。超新星 1987A 爆发以前是一颗蓝巨星,这颗蓝巨星在大爆发前几万年就小规模喷发了一次,形成了一个环,这个环沿赤道平面最浓。而在超新星 1987A 大爆发产生的辐射,以 3.2 万千米/秒的高速度,用了 10 年的时间赶上了那个小规模爆发的环。

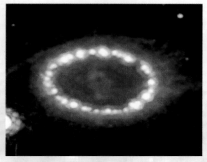

1987A 爆发后形成的环

环上的物质被加热到 1 000 万摄氏度,使这个稀薄的气体环发亮。

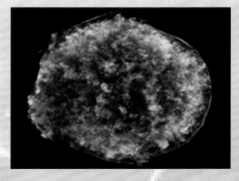 

"第谷超新星"外层紫色弧　　　　仙王座中的气体壳

超新星 1987A 爆发以前是一颗蓝巨星,它的质量大约是太阳的 80 倍。对超新星 1987A 光谱分析显示,它含有大量的镍,约有 0.1 倍太阳质量。超新星 1987A 爆发以后的遗迹中没有发现中子星或脉冲星,也许脉冲星的辐射锥没有扫过地球而看不见它。

　　主流理论认为,超新星2006gz的爆发是两颗白矮星相撞造成的,白矮星没有塑性,两颗白矮星相撞的亮度常常超过宿主星系全部恒星之和。大麦哲伦超新星SNR 0509-67.5疑是两颗白矮星的并合。后发座超新星2005ap爆发的光谱里没有氢谱线,属于超高亮度超新星,相信也是两颗白矮星碰撞造成的。

6. Ia超新星不存在

　　NGC4526星系爆发了一颗超新星(左上图左下角),其亮度与主星系差不多,被誉为第一种Ia超新星。

　　主流理论认为,Ia超新星是一对双星产生的超新星,主星是一颗红巨星,伴星是一颗白矮星,两颗星距离很近。红巨星直径很大,白矮星是致密性天体,在白矮星的强大引力下,将红巨星的外围物质吸收到白矮星的怀抱,质量不断增大(右上图)。白矮星达到一定的质量时,引发超新星大爆发。本书认为,Ia超新星不存在。证据如下:

　　(1)红巨星质量比较低,最多也超不过太阳质量的7倍。7倍太阳质量的小恒星,恒星中心4个氢原子核聚变成1个氦原子的核反应,损失千分之八的物质转变成能量,使恒星中心升温,从而引发氦的核聚变,形成3个氦原子核聚变成1个碳原子的核反应,温度急剧升高,恒星急剧膨胀,形成红巨星。

　　(2)由于这种最大7倍太阳质量的恒星质量较小,不能引发碳的核聚变,因而恒星中心碳原子不断增加。氦燃烧到一定程度,便停止了氦的核聚变。恒星中心没有了核聚变,温度就急剧降低,热压力不能抵御引力的作用,星体急剧坍缩下去,产生强大的冲击波,将红巨星的外围物质冲放出去,中心形成一颗白矮星。根据钱德拉塞卡极限理论,白矮星的质量最多只有1.44倍太阳质量,是名符其实的碳白矮星。质量超过1.44倍太阳质量,形成的是中子星。超过3.2倍太阳质量(奥本海默极限),形成的是黑洞。

　　(3)天文学家们只见过80～150倍太阳质量的恒星超新星爆发。大质量恒星中心经过氢的核聚变、氦的核聚变、碳的核聚变、氧的核聚变、硫的核聚变……大质量恒星是生产化学重元素的超级大工厂,产生难以置信的高温,将外围物质喷发出去,这就是Ⅱ型超新星大爆发了。就像一个"礼花弹"被点燃,内部产生高温,外部被炸开,亮度达到 120 亿个太阳。我们将要看到船底座 η 星、人马座 WR104 星、大麦哲伦星系 R136a1 星、船底座 HD93129A 星等Ⅱ型超新星大爆发。

(4)不难看出,就质量而言,Ia 超新星中的红巨星最大只有 7 倍太阳质量,而 Ia 超新星中的白矮星只有 1.44 倍太阳质量,白矮星把全部红巨星物质吸收过来是不可能的,小质量恒星并吞大质量恒星也是不可能的。就化学成分而言,白矮星没有氢和氦,只有碳元素(碳白矮星),没有产生能量的机制。就温度而言,白矮星最高温度 20 万摄氏度,太阳中心温度 1 500 万摄氏度,引发碳的核聚变需要 8 亿摄氏度,超新星爆发前恒星中心温度理论上限 60 亿摄氏度,白矮星相差很远。

白矮星老矣,身上虽添了件新衣(从红巨星那里得到一些物质),但也不会变成活跃的星体。白矮星以及中子星没有能力吸收物质引发超新星,它将演化成黑矮星,并一去不复返,在宇宙中消失。

M101 星系超新星 SN2011fe 爆发

十一、球状星团在瘦身

1. 球状星团 M80

球状星团由数以万计的恒星组成,受各成员星引力束缚,形成球状的恒星集团。在天蝎星座的天蝎头部,有一颗肉眼看不见的"星",在小型单筒望远镜中是一个小点,在双筒望远镜中是一小撮星,在大型望远镜中是由大约十几万恒星组成的球状星团,亮度只有 7.2 等,距离地球 2.74 万光年。它就是银河系中最密集的球状星团 M80。在银河系中发现了 150 多个球状星团,太阳一侧占 10%,另一侧人马座方向占 90%,说明银河系中心在人马座方向。球状星团 M80 最美丽、最标准。

哈勃空间望远镜拍摄的球状星团 M80

球状星团 M80 外层的恒星平均密度是太阳附近的 40 倍,星团中心部分恒星非常密集。我们已经习惯于天上只有一个太阳,倘若我们靠近 M80 的中心,就会看到天空有 100 多个"太阳",有大质量年轻的星,有偏红的红巨星,有深红色年老的星,有年轻的"蓝离散星",有一天就变换几次的"星团变星",有白色的,有蓝色的,有黄色的,它们都放射着耀眼的光芒。恒星们的高温、紫外线辐射、发出的强大星风会摧毁所有生物。

M80 有一颗新星,编号 T Scorpii,爆发时亮度 6.8 等,比整个 M80 还亮。

2. 半人马座 Ω 球状星团

半人马座 Ω 球状星团是银河系最大、最亮的球状星团之一,由几百万恒星组成。它与其他的球状星团有很大的区别,其形状像一个椭圆星系。

生命是宇宙中最宝贵的组成部分,同时也是最脆弱的部分,不能指望在球状星团里找到

半人马座 Ω 球状星团

外星人。哈勃空间望远镜在地球轨道上飞行 20 多圈,也没有找到一颗 M80 球状星团中的行星。后来,哈勃空间望远镜观测杜鹃座 47 球状星团,观测了 3.4 万颗恒星,也没有找到一颗行星。目前,已经发现 2 000 多颗太阳系以外的行星,绝大部分都位于孤立的恒星周围,球状星团中没有行星,因为它太密集了,就是有一些行星,也会被它的邻居清除。

M22 球状星团   M28 球状星团

    M22 球状星团是银河系第三亮的球状星团,仅次于人马座的 ω 和杜鹃座 47 球状星团,约由 10 万颗恒星组成,恒星们围绕着星团的中心运行,距离地球 1 万光年。M28 球状星团要小得多,因有一颗脉冲星而著名。

3. 球状星团是这样灭亡的

    Palomar 13 球状星团围绕银河系中心绕转一周需要 16 亿年,在诞生 120 亿年的岁月里,已经围绕银河系中心旋转了 7 圈,每一次靠近银心,都要被银心掠去部分恒星。Palomar 13 曾经是一个很体面的球状星团,如今面目全非了。

球状星团在蒸发

    观测表明,在球状星团中心,恒星间隔平均仍然有 0.017 光年,外围恒星在中心引力的作用下,运动速度很快,不断加速,越过球状星团中心开始减速,一直到原来位置的对面,然后再返回,这个过程约 100 万年。在这漫长的路程中,有可能与一颗大质量

低速恒星擦肩而过,使之降低速度,它的返回点可能靠里;一颗快速星与它擦肩而过,或者运动前方有颗大质量恒星,使之速度提高,它的返回点可能靠外。球状星团中几乎每颗恒星都有这样一个过程。那些被加速的恒星,也有可能达到这个球状星团的逃逸速度,飞驰而去了。球状星团的寿命有几十亿年,逃逸的恒星数以万计。球状星团瘦身了,球状星团在蒸发。

球状星团中的恒星在运行的过程中经常擦肩而过,在引力的作用下剧烈震荡。恒星中心12%的区域氢燃料得到补充,所以"蓝离散星"变亮变蓝了。

十二、遥远的宇宙边疆

1. 最遥远的宇宙边疆

我们正处在能放眼整个宇宙的时代,但我们还没有看到宇宙的边疆。哈勃空间望远镜对着空荡荡的一片天区进行拍照,曝光时间48小时。这张哈勃拍摄的照片其空间距离可谓最遥远的了,有130亿光年。每次哈勃生日都要拿出这张照片来炫耀一番,显示天文领域最宏大的成就。每个亮点都是一个星系,在这张照片中有1 000多个星系,其中还有1万多个较小星系我们没有看到。

右下角的那个星系是银河系的8倍,将它放大可以看到有十几个旋臂,小旋臂是大旋臂的分支,高速旋转,中心十分明亮。这样活跃的大星系是如何运转的简直是个谜。

我们向宇宙深处看去,也就是在时间上往过去看,我们看到的这张照片所反映的实况,是130亿年以前的、最遥远、最古老的宇宙边疆。天文学家们正站在能看到宇宙边疆的大门口。

宇宙大爆炸是在宇宙"黑暗时代"爆炸的,天文学家们看到的131亿年前的蓝色小星系便贴近了宇宙的"黑暗时代"。如果天文学家们想看到137亿年以前的星系,应该是漆黑一片的。

131亿年以前的星系揭示了第一代星系的很多秘密。大爆炸4.7亿年出现第一代星系,那时宇宙非常清亮,大爆炸6亿年以后的星系已经有了尘埃和比较贫乏的重元素。斯必泽空间望远镜看到100亿光年之外的"星暴星系"最剧烈恒星的形成过程。在那里,这样的星暴星系比比皆是,形成的恒星一般是大质量恒星。

在过去80亿年到90亿年之间,哈勃空间望远镜给出的数值是星系5% ~25%正在并合,小型星系平均并合率是大型星系的3倍。如此之频繁并合,是随着时间而变化的。宇宙中有17%的旋涡星系曾经发生碰撞,已经并合成了椭圆星系。

2. 亲眼看看宇宙的演化

1995年12月哈勃空间望远镜对北天大熊星座附近的一小块天区进行拍摄,从近到远拍摄了2 000多张不同距离的照片,使我们看到了不同年代、不同距离、处于不同演化阶段的星系,最远的达到131亿光年。"哈勃"担心宇宙各个方向是否同性,又在南天杜鹃星座一带的天区进行同样的拍照。结果显示,南天深空区与北天深空区非常相似,没有什么惊人的差异。天文学家们将这2 000多张不同距离的、由远至近的天体照片连接起来,像放电影那样连续观察,就看到由活跃恒星形成的早期星系是怎样演化成近期的星系的,亲眼看到宇宙130亿年的演化过程,遥远星系的形状是不规则的,经过吸积、碰撞、并合形成现今的星系,还看到从不规则星团到旋涡星系再到椭圆星系等级式演化。

人们亲眼看到遥远的星系都比较小巧,巨大的星系很少,在这遥远的宇宙边境附近,小巧玲珑的小星系又多又暗淡,它们的红外辐射非常强,证明这些小星系正在频繁地碰撞。现在的宇宙,星系之间距离很远,星系碰撞的事就不那么频繁了。

宇宙不是永恒的,它不断地演化,通过我们观测到的演化过程,就有了一些推理和发现(图片来自国家天文台王乔博士):

(1)宇宙金属丰度不断提高。宇宙大爆炸产生的化学元素只有氢、氦和锂。由于宇宙在膨胀,120亿年以前,宇宙空间只有现在的10%,而宇宙中的物质几乎与现在的相同,统统都挤在那个狭小的空间。由于物质十分密集,宇宙中形成大量100~170倍太阳质量的大质量恒星。这些恒星几乎同时形成,此后就大规模、陆续超新星爆发了。恒星中心和超新星爆发产生的比氦重的元素撒向空间,宇宙变得浑浊了。

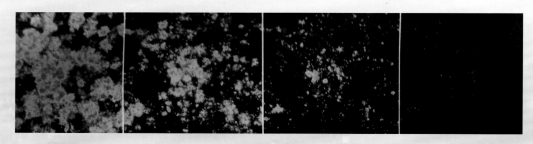

(2)宇宙微波背景辐射不断降低。我们向宇宙深处看去,也就是在时间上往过去看,推断宇宙诞生4亿年以后,微波背景辐射温度降到28.8开尔文。现在的微波背景辐射峰值为2.725开尔文,以后还会继续降低。

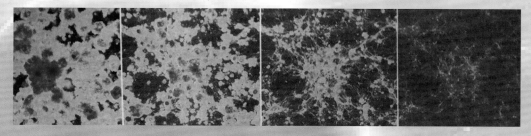

(3)暗物质和宇宙气体变得稀薄。宇宙诞生时产生的化学元素只有氢、氦和锂,大约有2×10^{50}吨,以及比这个数字大6倍的暗物质、大17倍的暗能量。因为宇宙大膨胀,宇宙气体淡薄了,暗物质稀薄了,暗能量也消耗了约1/5。暗能量是推动宇宙膨胀的斥力,可见物质和暗物质是阻止膨胀的引力。宇宙的引力参数达到 17,如此之大的引力参数,宇宙不会永远膨胀下去。据推测,宇宙再膨胀 550 亿年将会停止膨胀并开始收缩。

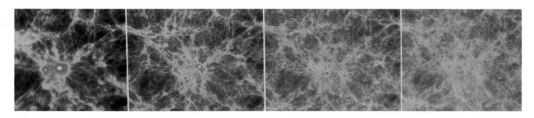

（4）超新星爆发频率大大降低。宇宙初期形成大量 100～170 倍太阳质量的大质量恒星,此后就大规模、陆续超新星爆发了,甚至一个星系每年 100 颗超新星同时爆发。目前,超新星爆发频率约每 300 年爆发一颗。

（5）宇宙初期类星体就已经熄灭。宇宙初期一些星系每年 50～100 颗超新星爆发,进行了 4 000 万年,形成了类星体,此后类星体熄灭了,远处的光线目前才传到地球。

（6）超级大黑洞形成于宇宙早期。星系中数以万计的小黑洞是数以万计超新星爆发的产物,后来在引力作用下向星系中心移动,经过并合,形成大黑洞。第二代星系中心几乎没有黑洞。星系中心超级大黑洞形成于早期宇宙,在那以后便很少发生。

最遥远的蓝色星系

十三、太阳系

1. 太阳是一颗中等的星

太阳的直径 139 万千米,是地球直径的 109 倍。如果用月亮到地球距离 38.44 万千米的 1.8 倍为半径制一个圆球,那就是太阳的大小。

太阳的体积是地球体积的 130 万倍,或者说太阳的体积可以容纳 130 万个地球。太阳的质量大约是 1.989×10^{27} 吨,是地球质量的 33 万倍,占整个太阳系总质量的 99.86%,八大行星和它们的卫星只有 0.14%。太阳的平均密度是水的 1.4 倍,太阳中心的密度是水的 110 倍,表面密度是水的 $1/10^7$。

太阳是黑暗的征服者,它从东方升起,强大的阳光压服天上所有的星光,它在星空中简直是无与伦比的。其实,太阳在星空中是一颗中等的星,晚上肉眼看到的 127 颗亮星(一等星和二等星)都比太阳大。

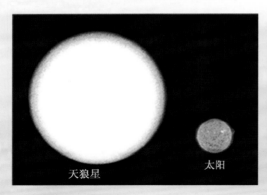

天狼星与太阳的示意图

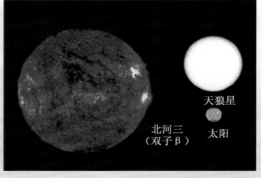

北河三与太阳的示意图

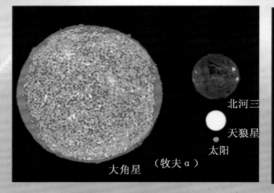

大角星与太阳的示意图

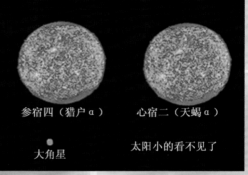

参宿四和心宿二与大角星示意图

武仙 α 星的直径是太阳的 800 倍,有一颗伴星。大犬座 VY 星的直径是太阳的

2100 倍,比土星轨道还大。大犬座 VY 星的质量不是巨无霸,迄今发现的大质量恒星它只排第 27 位。

迄今发现直径最大的星是黄特超巨星 IRAS 17163-3907,如果把它放在太阳的位置,8 大行星以及柯伊伯带都深陷在黄特超巨星的腹中,柯伊伯带外围离太阳 1 000 天文单位,而这颗黄特超巨星半径达 1 万天文单位。黄特超巨星像蛋黄那样黄,它的外围像蛋白那样白,所以它的别名是"煎蛋星云",亮度是太阳的 50 万倍,距离太阳 1.3 万光年。大麦哲伦星系有数百颗黄超巨星,它们正在收缩。

恒星大小不能只比直径,好像铅球与棉花团之比,还要比质量。已知质量最大的恒星是 R136a1 星,是太阳质量的 265 倍,估计诞生时的质量是太阳的 320 倍。R136a1 星表面温度超过 4 万摄氏度,距离地球 16.5 万光年。

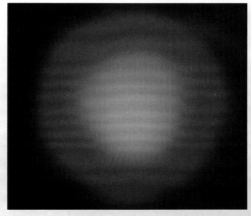

参宿四(猎户 α)   太阳和红矮星

既然太阳是一颗中等的恒星,就有 50% 的星比太阳小。最靠近太阳的 68 颗恒星中,红矮星就有 50 颗,约占 73.5%。

天文学家们给出的恒星质量下限是太阳质量的 0.75%,这是产生氢的核聚变所需的恒星临界质量。目前发现的质量最小的恒星是船底座 OGLE-TR-122B 星,质量是太阳的 8%,直径是太阳的 12%,是双星中的一颗,主星是类日恒星,周期 7.3 天。

太阳是由气体组成的。它内部的密度是水的 110 倍,中心压力达 3 000 亿大气压,中心温度 1 500 万摄氏度,约占太阳直径 12% 的中心部分,温度最高,压力最大。在这样的条件下,原子失去电子原子核而裸露。原子核运动速度很高,克服原子之间的排斥力而结合,这就是核聚变。4 个氢原子组成 1 个氦原子的反应进行得很顺利,非常稳定,十分缓慢,所以,太阳中年时期占一生的绝大部分。太阳每秒钟消耗 6 亿吨氢,变成 5.952 亿吨氦,"丢失"了 480 万吨物质(约占千分之八)转换成了能量,使太阳每秒释放出 3.8×10^{26} 焦耳的热量。美国投扔在日本的原子弹"丢失"了 0.6 克物质转换成了能量,只相当于一只苍蝇的质量,便使广岛毁灭了。

目前,主流核电站使用的燃料是铀-235,快堆使用的燃料是钚-239,还有使用钚-

铀混合燃料的,都是有放射性的、地球含量少的重金属。如果使用地球上取之不尽用之不竭的氢做核燃料,在地球上建造"小太阳发电厂",地球环境将会大大改善。

太阳围绕太阳轴线自转得非常缓慢。太阳是一个气态球体,赤道附近的自转周期为 24 天。随着纬度的增加,自转速度减慢,到极区附近自转周期为 34 天。这种不一致的自转方式叫作"较差自转"。太阳核心的自转比表面要快,年轻时候的自转比现在快。

太阳自转赤道线速度只有 2 千米/秒,它自转缓慢的原因是八大行星造成的,太阳巨大的角动量转移到了行星,木星的角动量占太阳系总角动量的 60%,土星的角动量占太阳系总角动量的 25%。牵牛星自转的线速度是太阳的 130 倍,轩辕十四赤道线速度是太阳的 150 多倍。它们自转如此之快,说明都没有行星系,更不要说有八大行星了。

当我们坐在 300 千米/小时的京沪高铁列车上,我们发现路旁的树木、田野、村庄,远处的山丘等景物,都沿着与我们运动相反的方向奔驰。如果我们驾驶着宇宙飞船,以 20 万千米/每秒的速度飞行,我们就会看到宇宙飞船两边的星辰都沿着相反的方向飞驰而去,我们前方的星辰都好像在迅速地向两边散开,给我们让开一条路似的。

科学家威廉·赫歇尔(William Herschel)仔细观测恒星后发现,天上的繁星也向着天空中的一个区域奔驰,即向着与武仙星座相反的方向奔驰。我们两旁的星都在后退,我们前面的星都在散开,好像为我们开辟一条道路似的。计算说明,这种透视的现象,就是太阳带领着地球和其他的行星、卫星、彗星等,向太空的武仙星座方向运动的结果。这一区域在赤经 18 小时、赤纬 +30 度附近,武仙星座 o(读音奥米克隆)星附近的一点,这一点叫作太阳的向点。太阳系就是向这一点飞驰而去的,速度约230 千米/秒,是太阳系在太空中长途旅行的方向,是永远也达不到的区域(因为它们都在环绕银河系中心绕转)。

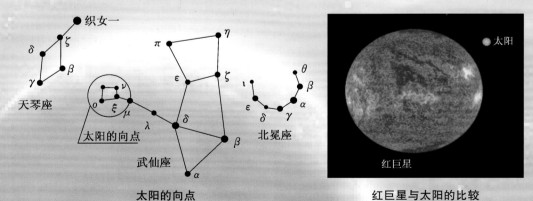

太阳的向点

红巨星与太阳的比较

研究发现,太阳与附近的其他恒星都有自己的运动方向,但是,它们运动速度的大小都与太阳差不多,好像一群星在做集体飞行。这种透视现象表明,太阳与附近的其他恒星围绕银河系的中心绕转着,太阳的速度约 230 千米/秒,2.3 亿年围绕着银河系中心运转一周。自从地球诞生46亿年以来,地球跟着太阳在银河系里已绕了20多圈了。这个银河系的中心在人马座星云的后面。

直径12 757千米的地球围绕太阳旋转,一秒钟要运行30千米,是炮弹速度的30倍,我们也不感到眩晕;太阳又带着行星们围绕银河系中心旋转,一秒钟要走230千米。如果你知道正在乘坐这么快的太阳车在太空遨游,也许会感到无比逍遥。银河系又围绕什么中心旋转呢?像银河系这样的星系数以万万计,这些星系大体上都在互相逃逸,离我们越远,逃逸得越快,是不是也围绕什么"中心"旋转呢?

2．来自太阳的威胁

通常,人们认为对地球的威胁来自小行星的撞击。因为地球表面有一层浓密的大气,小行星进入大气不是被烧毁,就是爆烈成碎块,对地球的威胁是局部的、有限的,大的撞击是可以预防的。然而,来自太阳对地球的威胁不可忽视。

2003年10月,太阳出现一大群黑子,紧接着出现一个很强的耀斑爆发,从太阳的表面向外抛射了几十亿吨物质,速度高达1 500千米/秒。这些等离子体粒子流(CME)到达地球大气层的时候,地球上空出现一条新的辐射带,地球两极上空出现美丽的激光。这个太阳风暴抛射的等离子体与地球磁场相互作用,扰乱了地球磁场,甚至地球有几天无线电通信都非常困难。幸亏地球有磁场的保护,才没有造成重大灾害。2003年10月28日,火星附近的"奥德赛"飞船被这个太阳耀斑等离子体粒子流击中,飞船上的一台仪器受损。接着,CME(Coronal Mass Ejection)打击了木星附近的"尤里西斯"号飞船和土星附近的"卡西尼"号飞船,还诱发了土星磁暴。2004年4月,CME离太阳72.48天文单位处追上了"旅行者2号"宇宙飞船,天文学家们担心宇宙飞船会翻滚。但是,这个太阳等离子体粒子流已经是强弩之末,"翻滚事件"没有发生。太阳500年来最剧烈的一次CME爆发发生在1859年9月1日,仅比2003年10月的这次稍强。

太阳黑子最大的时候也只有几个地球那么大,恒星HD12545的黑子竟然有30个太阳那样大,最黑处温度只有3 500开尔文,最亮处有4 800开尔文。参宿四黑子的直径竟然有1天文单位(参宿四直径是太阳的700倍)。相比之下,我们的太阳多么温和。有记录以来,太阳最大的CME发生在1859年9月1日,抛出的物质质量有5×10^{10}吨,抛出的速度1 600千米/秒;产生的能量有5×10^{25}焦耳,约等于10亿颗氢弹爆炸产生的能量。太阳在过去的10亿年内未曾发生过一次大的爆发,从地球的地质勘测中,地层里的生物化石自古至今未曾间断可以得到证明;太阳在未来的几十亿年内,也不会有大的爆发。太阳十分稳定,每11年只有1个温和的活跃期。

太阳为什么有11年的活动周期呢?主要原因是太阳的"较差自转"。我们知道,太阳是一个气态球体,它赤道附近的自转周期为24天,随着纬度的增加,自转速度减慢,到极区附近自转周期为34天。换句话说,太阳纬度方向每一个点的转动速度都不一样,每一层纬度物质都在摩擦,摩擦产生的结果是原子中的电子游离,正离子大量出

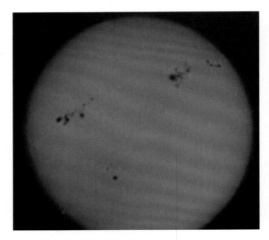

太阳黑子群

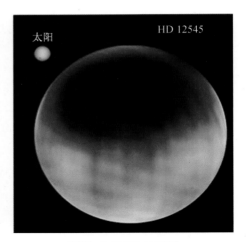

恒星 HD12545 的黑子

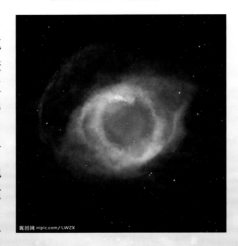

现，磁场也发生变化，这样，日新月异地积累 11 年后达到极限，产生高温，等离子体粒子流（CME）就形成了，我们就看到了黑子和耀斑进入活动期，释放以后又恢复常态，如此周而复始。太阳"第 24 活动周期"极大年应该是 2013 年，气候异常，炎热加洪水。

宝瓶座 NGC7293 被昵称为"上帝之眼"（右图），是一颗类似太阳的恒星。它已经进入晚年，内部氢、氦燃料已经耗尽。这颗类日恒星质量太小，不能引发碳的核聚变。中心温度降低，热压力不能阻止引力坍缩。中心物质垮塌下来，形成白矮星，产生的冲击波将恒星外围物质抛了出去。我们的太阳 50 亿年以后也将会这样。世界各地天文台 200 多年的观测证明，太阳内部的核反应没有加剧。

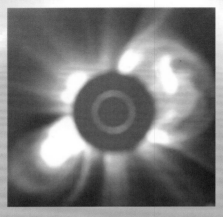

太阳的 CME

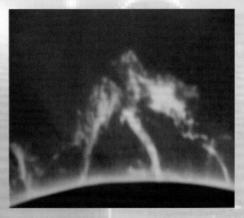

太阳正在抛出物质

太阳发出的白光是充满能量的洪流。太阳能使水星、金星的表面温度达到 400 多摄氏度,能使地球形成太阳系里无与伦比的生物天堂。太阳的辐射能力一般用太阳常数表示,在地球大气以外,距离太阳 1 天文单位,垂直于太阳光束,每平方厘米一分钟内太阳所有波段的总辐射能量等于 8.27 焦耳/平方厘米·分钟。考虑到大气对能量的吸收,人造卫星测得的数值是 1 366 瓦/平方米。

太阳经天纬地,控制着八大行星、四大类冥矮行星、143 颗大卫星。它们都按照太阳的谋划运行着,没有一个"图谋不轨"。太阳系多么宏伟、和谐。

3. 水星被太阳锁定

水星的直径 4 878 千米,比月亮稍大,是地球直径的 38%。水星的体积是地球的 5.62%,质量是地球的 5%,外貌如月,内部如铁。水星的轨道是椭圆的,近日点与太阳的距离是 4 600 万千米,远日点与太阳的距离为 7 000 万千米。在八大行星中,它的偏心率最大。水星轨道的偏心率是 0.206,水星的平均密度为 5.6 克/立方厘米。天文学家们测定,它的 2/3 的物质是铁和镍,质量 3.33×10^{23} 千克。

当水星运动到太阳的前面和身后,由于太阳非常明亮,我们看不到水星;当水星运动到太阳左右的时候,而且还要离太阳比较远的时候,我们才能看到它。水星和太阳之间的视角最大时只有 28 度,我们看到水星也只有两个小时,要么在早晨太阳还没有升起时,要么在太阳落下以后。

如果我们站在水星上看太阳，太阳的视直径在水星的近日点和远日点时有很大的不同。因此，水星在近日点时所接受太阳的光和热，在同等情况下比在地球上接受的光和热大 11 倍。水星在远日点时所接受的光和热，也比在地球上接受太阳的光和热大 4.5 倍，那炎热的程度就可想而知了。从水星上看太阳，要比从地球上看亮 63 倍。

水星最早的记载在我国春秋时代的《诗经》中，这是中国最早的记载；古希腊文学家托勒玫关于水星的记载，在公元前 221 年，这是西方最早的记载。

1973 年 11 月 4 日，美国发射"水手 10 号"宇宙飞船，借助金星的引力使宇宙飞船加速，从金星 5 800 千米高空飞过。"水手 10 号"宇宙飞船距离水星 320 千米，拍摄了一大批高清晰度的照片，拍摄到大约 45% 的水星表面，使人们看清了水星表面与月亮相似，也有大量的环形山和陨石坑。

水星有盆地，有隆起的高原和陡峭的山峰。水星上没有水也没有风，山上的岩石也没有风化。因为没有大气对温度的调解，白天气温最高达到 427 摄氏度，锡和铅都熔化了。夜晚最低 −173 摄氏度，如果有氧气也得冻成冰块。昼夜温差 600 摄氏度，是太阳系行星中温差最大的。水星的大气成分为 42% 的氦、42% 的气化钠和 15% 的氧等。

水星被命名的环形山就有 239 个，最大的环形山是贝多芬环形山，直径 643 千米，是太阳系最大的环形山。国际天文学联合会命名 15 个环形山是以中华民族人物的名字命名的。如伯牙、李白、白居易、董源、蔡琰、李清照、关汉卿、王蒙、曹雪芹、鲁迅等。

水星的自转周期是 58.65 天，公转一周需要 87.97 天，这两种周期之比是 2/3。水星上的一天相当于地球上的 59 天。换句话说，水星绕太阳公转 2 周，才自转了 3 周。水星是太阳系中运动最快的行星。

4. 金星与地球相邻不相似

金星是一颗黄色行星，除日、月以外，它是从地球上看到的最亮的星。金星亮度最大时可达到 −4.4 等，而最亮的恒星天狼星只有 −1.6 等。金星的直径 1.215 千米，比地球稍小。金星光辉灿烂，是人类首先注意到的行星。金星离太阳比较近，有时太阳

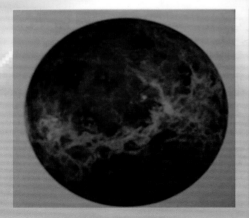 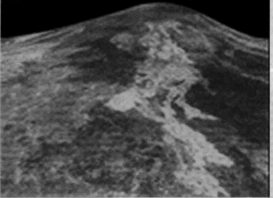

光辉灿烂的金星

还没有升起,金星就升起来了,人们叫它"启明星";有时太阳落山以后,它才落山,人们叫它"昏星",有"司爱女神"的尊称。

金星是太阳系中的第二颗行星,它与太阳的平均距离1.08亿千米,以35千米/秒的速度围绕太阳旋转。金星的轨道偏心率很小,几乎是圆形的,偏心率0.006 8,离太阳的最大视角距不超过48度,围绕太阳旋转一周需要225天,自转一周需要243.018 5天。

金星的自转速度在减慢,最近的20年来,金星自转延长了6.5分钟(地球每100年延长2毫秒)。金星大气压力是地球大气的90倍,金星自转造成地表与浓密大气的摩擦,使金星自转延长。

金星大气密度是地球的60倍。金星大气的主要成分是二氧化碳,约占90%(地球大气含二氧化碳0.03%~0.05%),氮占7%,氧占1.2%,水汽只占0.4%。

金星表面温度475摄氏度左右,连金属锡、铅、锌都熔化了。欧洲空间局的"金星快车"发现年轻熔岩流,就是这些年轻的熔岩流将历年来陨石撞击金星形成的环形山抹平。金星表面也有山脉、火山、高原、峡谷,最高的山1.08万米,比珠穆朗玛峰还高。

5. 改造火星使之地球化

火星是"类地行星",它的轨道是椭圆形的,近日点2.07亿千米,远日点2.49亿千米。火星和地球近点大冲的距离有5 600万千米,那时地球上整夜都能看到红色的火星。火星和地球在远点合时,火星与地球的距离达到4亿千米,在地球上几个月都看不到火星。

火星的直径是6 760千米,是地球直径的53%,它的质量是地球的11%。火星的一个太阳日24小时37分23秒,多么像地球!一年有668.6个太阳日。

火星是地球人未来的第二居住地,21世纪人类将登上火星。火星有24千米高的奥林匹斯山脉,是太阳系最大的山脉。奥林匹斯火山是太阳系最高的火山,高21千米。被命名的环形山有845个,火星盖尔陨石坑(Gale Crater)底部有一座4 800米的石头山峰。

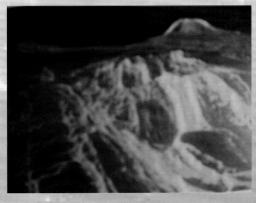

金星山脉

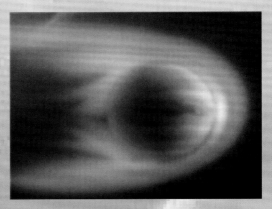

金星受到太阳风的冲击

火星

火星表面的块状岩石

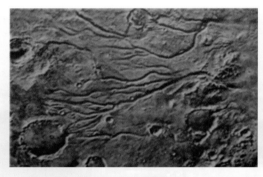

火星表面水流的痕迹

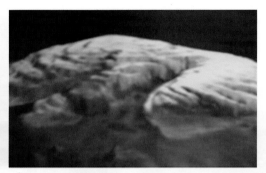

火星北极的极冠

火星表面的平均温度是 －20 摄氏度,地球的平均气温是 14 摄氏度。火星中午赤道附近荫蔽处的温度是 1 摄氏度左右,是海盗号着陆器的降落点,夏季白天气温 －17 摄氏度,日落以后黑夜的气温 －60 摄氏度,极地的温度常年 －60 ～ －70 摄氏度之间。

科学家们有一个计划使火星地球化,预计 2015 年人类登上火星。2030 年人类将向火星发射一个机械人团队,由机械人在火星上安装核能发电厂和加工厂,制造氯化氮气体释放在火星表面,使火星大气变暖,温度达到 －15 摄氏度。用大量碳黑覆盖冻土,以便接受阳光和防止极地冰向空中热辐射。2040 年发射火星轨道的反光镜,融化极冰,使之释放出二氧化碳。把大量氯氟烃送入火星,产生温室效应,温度达到 －8 摄氏度。2080 年,将地球南极的耐寒藻类送往火星,吸收阳光、二氧化碳和水,产生光合作用,制造氧气和糖,使温度达到 －8 ～0 摄氏度。

6. 太阳系最大的行星——木星

木星是太阳系里最大的行星,是一个被浓密气体覆盖的气态行星。木星有暗淡的云层形成的条斑,那是气态行星表面的高速飓风,风速约 640 千米/小时,有红色鲜明的、变化着的大红斑,还有四个大的卫星围绕木星旋转,其中三个比月亮大,另一个比月亮稍小。木星的天空有四个"月亮",这是迷人的景象。

木星的直径 14 万千米,是地球的 11 倍,木星的体积是地球的 1 316 倍,质量是地球的 318 倍,是太阳系所有行星加在一起质量的两倍半。木星和太阳之间的平均距离为 5.2 天文单位,它围绕太阳转一周需要 12 年。从木星上看太阳直径只有 6 分,它接受的阳光只有地球的 1/27。木星大气下面是没有大陆的液态氢海洋,液态氢海洋下面是水的海洋。别看地球 70% 以上表面被水覆盖,太阳系水的中心却不在地球这里,而是在木星与土星那里。

木星向空中释放出的热量是接受太阳热量的 2.5 倍。木星的核心没有热核反应,它释放的热量是从哪里来的呢?研究认为,木星的热量来自它的卫星。靠近木星的四大卫星质量都比较大,距离木星都比较近。木卫 1 的直径 3 630 千米(月亮的直径是 3 473 千米),木卫 2 的直径是 3 138 千米;木卫 3 的直径是 5 262 千米,比月亮和水星还大;木卫 4 的直径是 4 800 千米,也比月亮和水星都大;木卫 5 比较小,它离木星只有 13 万千米。地球与月亮之间的潮汐力引起地球上一天两次潮起潮落,四大木卫也会引起"木星潮"此起彼伏。木星外形变化,内部也跟着变化,内部气体相互摩擦产生热量。内部摩擦生热外部有太阳光照辐射,使木星温度升高。

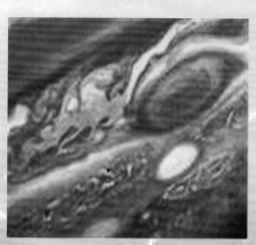

木星的大红斑照片是 1979 年"旅行者一号"探测器近距离拍摄的,木星的大红斑是木星大气的巨大旋涡,木星大气的主要成分是氢、氮,还有甲烷和氨等。这些气体的颜色都不是红色,它的旋涡怎么就成了红斑了呢?木星是太阳系自转最快的行星,它不是整体的自转,赤道区域的自转周期比南北两半球的自转周期要快 5 分 10 秒。这两股气流的相对速度达每小时 350 千米,产生巨大旋涡。大红斑是个大旋涡,摩擦生热,长期如此,难免产生很小的热辐射,使大红斑微微带红。

2000 年有三股小风暴在大红斑附近形成,合并成一个白色旋涡,不久变成褐色,接着又变成与大红斑一样的颜色,名曰小红斑。小红斑不断靠近大红斑,其边缘已经产生摩擦。大、小红斑旋转方向相反,使大红斑变小、变圆。大红斑最大时直径 4.1 万千米,现在只有 1.65 万千米了。

1992 年 7 月 8 日,苏梅克-列维 9 号彗星进入木星轨道,离木星只有 4.3 万千米。木星强大的潮汐力将它撕碎,使它被瓦解成 21 块。1994 年 7 月 17 日,苏梅克-列维 9 号彗星又进入木星轨道,它被瓦解成的 21 块中,直径 2 千米以上的有 12 块,最大的一块是 4 千米。彗星以 63 千米/秒的速度向木星撞击,持续了 5 天,其中的一块在木星上撞出地球大的痕迹。苏梅克-列维 9 号彗星碎片的撞击点在木星的背面,我们虽然不能直接看到,但可以看到撞击产生的闪光照亮了木卫 1,撞击产生的痕迹 10 分钟以后就能看到,可以想象爆炸产生的大气风暴。其实,彗星碎片在浓密的木星大气中全部被烧毁,未能达到木星核心。整个彗星撞击的总能量有 2 万亿吨 TNT 炸药的能量,相当于 1 亿颗 1945 年美国投放日本的原子弹。撞击产生的结果,对于木星安然无恙,对于彗星却是灭顶之灾,对地球则提供了一个参照资料。

木星是太阳系陨石轰击的靶子,是地球的保护神。地球上陨落的流星全年 73 亿颗,如果我们的观测技术达到更高的水平,就会发现更多、更大的陨石落向木星。果然,英国天文学家 George Airy 发现一个比木卫 1 在木星上的投影大 4 倍的暗斑(木卫 1 的直径是 3 630 千米),人们认为这就是小行星撞击的痕迹。2009 年 7 月 18 日,人们亲眼看到一颗小行星撞上了木星……同样是这颗木星,也把外太阳系的一些陨石以强大的引力拉进内太阳系,并以飞快的速度撞向内行星,使太阳系木星轨道以内成为一个"骚乱"的场所。成也木星,败也木星。

● **木星的卫星**

我们非常幸运,因为天上有一个月亮,晚上给人们做伴。木星的天空却有五个"月亮",三个比地球的月亮大,一个与地球的月亮相当,另一个却是个近似长方形的"月亮"。但是,它们离太阳较远,我们的月亮比它们的亮。

离木星最近的一颗大卫星是木卫 1,它的直径是 3 630 千米,离木星的距离是 42.16 万千米,有数以百计的活火山,是我们知道的火山之最,大部分正在喷发,木卫 1 火山喷出的熔岩是地球总

伽利略号拍摄的木卫 1

和的 100 倍,它的熔岩湖直径达到 200 千米。为什么木卫 1 有这么多火山呢?

因为木卫 1 的轨道在木星和木卫 2 之间,木卫 2 的直径是 3 138 千米,离木星的距离是 67.1 万千米,木卫 3 的直径是 5 262 千米,比水星还大,是太阳系里最大的卫星,离木星的距离是 107 万千米。在引力的拉扯下,木卫 1 轨道形成椭圆,在围绕木星旋转的过程中,木卫 1 的岩层和岩浆受到错综复杂的扭曲作用,产生地震,产生热量,热量聚集形成火山。这个过程就是"潮汐加热"过程。木卫 1 表面没有陨石坑,说明表面被岩浆和火山灰覆盖。

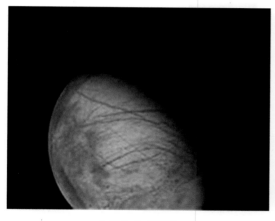

木卫2合成图片 　　　　　　　　　　木卫3

　　木卫2的直径是3 138千米,比月亮的直径3 473千米稍小,离木星的距离是67.1万千米,密度是2.8,常将同一半球对着木星。木卫2是太阳系最光滑的卫星,没有陨石坑,意味着木卫2表面是由冰覆盖的;密度是2.8,也意味着它由水冰构成。表面以下有50千米厚的冰冻层,冰下海洋里可能有生命。

　　木卫3的直径是5 262千米,比月亮大很多,比水星还大,是太阳系里最大的卫星。木卫4(下图)的直径是4 800千米,比月亮和水星都大。

　　木卫5不是一颗圆形的卫星。直径达到800千米的星,它的自身引力才能使星体变圆。木卫5长240千米,宽140千米,是个小天体,距离木星只有13万千米,是地球到月亮距离的1/3。围绕木星公转一周需要11小时57分。天上有个长方形的月亮很难得。

　　木卫1围绕木星旋转2周,木卫2围绕木星旋转1周,两星轨道共振一次;木卫1围绕木星旋转4周,木卫3围绕木星旋转1周,两星轨道共振一次。包括木卫4在内,四大卫星都被木星锁定。

● 将木星"点燃"

　　太阳是由气体组成的,其主要成分是氢和氦。恒星也是由气体组成的,其主要成分也是氢和氦。太阳系的木星也是由气体覆盖的,主要成分也是氢和氦。氢是主要的核燃料,一旦把木星"点燃",木星就会像恒星那样发光,太阳系里就会出现第二个太阳。有科学家指出:"如果太阳熄灭后,我们可以点燃木星,让它做太阳。"

　　虽然木星也具备氢的核燃料,但它的中心温度只有3万摄氏度,离氢核反应所需的温度1 500万摄氏度、内部压力13亿大气压都相差很远。木星要演化成恒星,质量也相差很远。如果将木星中心的氢点燃，它的总质量至少还要再扩大10倍。

1994年7月17日，苏梅克-列维9号彗星撞击木星，撞击产生的能量有1亿颗原子弹爆炸的能量，产生的闪光照亮了木卫1，使木星形成地球大的痕迹。这么大的能量也不曾将木星"点燃"。

木星不断地俘获由太阳发出来的粒子，不断地俘获宇宙中的氢气、尘埃、彗星、流星等物质，从而不断地壮大自己。总有一天，也许30亿年以后，木星的质量达到太阳质量的20%时，说不定真的可以变成一颗名副其实的恒星，与它的卫星们形成一个

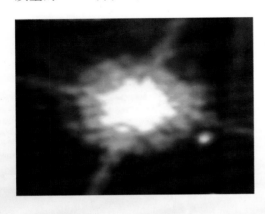

"木星系"。木星一旦像恒星那样被点燃，就会迅速膨胀，温度迅速提高，放射出耀眼的"木光"，太阳系将发生翻天覆地的变化。

宇宙中的第一大元素是氢，第二大元素是氦，第三大元素是氧，太阳系也不例外。木星大气没有氧，如果有大量的氧，往那里扔个烟头就能把木星点燃。大自然有个巧安排，太阳系第三大元素的氧都与氢变成了水，只有一小部分在地球上，供人类和动植物使用。地球大气有氧，可没有氢。

通常观点认为，星空中真有行星过渡到恒星的天体，这个天体是CHXR73B（上图），质量是木星的12倍，它已经被"点燃"，围绕一颗恒星运转，距离恒星200天文单位。照片由哈勃空间望远镜拍摄。

把CHXR73B星看作将木星点燃的天体是错误的，因为恒星质量下限是太阳质量的7.5%，这是产生氢的核聚变所需的恒星临界质量。发现的质量最小的恒星是船底座OGLE-TR-122B星，质量是太阳的8%，直径是太阳的12%。

木星质量是太阳的1‰（木星质量1.9×10^{27}千克；太阳质量1.989×10^{30}千克），CHXR73B的质量是木星的12倍，质量是太阳的1.2%，比7.5%相差6倍多。CHXR73B仍然不能引发氢的核聚变。它是一颗棕色矮星，是一颗失败的恒星。我们的木星在太阳系的有生之年不能过渡到恒星，因为木星的质量无法再增加75倍。太阳系非常干净，没有更多的物质为木星增加质量。

7. 土星是座冰巨星

土星是类木行星，是了解太阳系形成的活标本。土卫6是地球形成初期的标本，土卫9又是一颗来自太阳系外层空间的原生态天体。

土星的直径11.97万千米，是太阳系的第二大行星，直径是地球的9.4倍，体积是地球的742倍，质量是地球的95倍，密度是地球的1/8，只有水密度的70%，显然是座冰巨星。如果把土星泡在水里，就像冰球浮在水面上一样。土星离太阳的距离9.6天

文单位,围绕太阳公转一周需要 29 年零 167 天。

哈勃空间望远镜拍摄的土星

土星光环的粒子碰撞频繁,棱角仍然十分明显,光环的平面与赤道平面重合。因为土星的倾斜度较大,光环依次被太阳照射,北面被照 15 年零 9 个月,南面被照 13 年零 8 个月。当太阳直射土星赤道的时候,光环就看不见了。光环是由各自独立的小质点、水冰块组成的彩虹,水冰占 95%,不断升华,不断凝结,总是新的,所以土星光环从发现到现在光辉没有变暗。

土星的光环是怎样形成的呢?研究认为,土星光环原本是一颗直径 5 000 千米的冰质卫星,由于它离土星太近,轨道直径不断缩小,不断靠近土星,终于有一天达到了"洛希极限",被土星瓦解,岩石陨落在土星上,被剥离的外部冰层形成一个环,所以,这个环几乎是纯冰。

土星有 37 颗比较大的卫星,土卫 6(右图)是土星卫星中最大的一颗,直径 5 151 千米,比水星、冥王星、月亮都大。土卫 6 有大气,温度 – 183 摄氏度。图为卡西尼号拍摄的土卫 6。

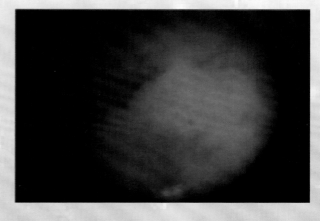

1997 年卡西尼号探测器发射,它携带一个着陆器惠更斯号软着陆土卫 6。土卫 6 的大部分资料来自惠更斯号。卡西尼号探测器有 12 台仪器,直径 2.7 米,重达 6 吨。卡西尼携带的惠更斯号着陆器装有 6 台仪器。惠更斯号于 2004 年 12 月脱离卡西尼号,向土卫 6 飞去。2005 年 1 月,惠更斯号在土卫 6 上降落。惠更斯号探测到的数据通过卡西尼号轨道器传回地球。卡西尼号围绕土星飞行 74 圈,掠过土卫 6 共 45 次,发回照片 50 万张。大家都知道,土卫 6 和地球有很多相似之处,当惠更斯号降落在土卫 6 表面时,它发回的照片显示,土卫 6 正在下着蒙蒙细雨,真可谓"随风潜入夜,润物细无声"。不过,那种雨被称为"甲烷雨"。

8. 躺在轨道上的天王星

1781年3月13日,赫歇尔用他自己制造的望远镜发现了天王星。天王星直径5.1万千米,是地球的4倍,体积是地球的64倍,质量是地球的15倍,密度只有水的1.29倍。显然,它是个冰巨星。

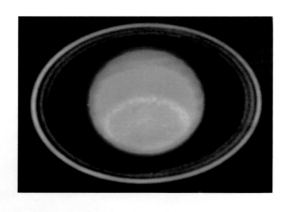

天王星的自转是奇特的,它的自转轴差不多是躺在它的轨道平面上的,与轨道平面的交角只有8度。当天王星的北极差不多被太阳光直射的时候,它的南极就在漫长的黑夜里了。相反,当天王星的南极差不多被太阳光直射的时候,它的北极就在漫长的黑夜里了。这样的一个过程需要84年。

地球、火星和土星,赤道面与轨道面是倾斜的(地球23.5度,火星40度),所以,地球、火星和土星是斜着转的;木星的赤道面与轨道面几乎是平行的,所以,木星是立着转的;天王星自转轴差不多是躺在它的轨道平面上的,所以,天王星是躺着转的。没有人知道天王星为什么躺在轨道上——等待你的发现。

根据旅行者二号的探测结果,天王星的表面被汪洋大海覆盖,深度8 000千米,天王星8 000千米深的汪洋大海,是原始星云给予的。天王星离太阳的平均距离29亿千米,接受的太阳的光和热只有地球的2‰。它的大气以外温度是 −200摄氏度,没有巨大的大气压力,8 000千米深的汪洋大海是不能保持的。

已经发现天王星有27颗卫星。天卫5是最里侧的较大的卫星,直径900千米,有坚固的地面,地面上有高高耸立的山脊,有深深的沟壑。外侧较大的一颗是天卫1,直径1 158千米,离天王星的距离26万千米,有一条平底的峡谷。峡谷似乎是地面下陷造成的,宽约80千米,碎石从谷底流过,将谷底磨平。

9. 计算出来的海王星

1845年9月23日,刚毕业的大学生勒威耶从计算中找到了一颗未知行星,同时亚当斯也从计算中找到了一颗行星。天文学家们不相信没有望远镜,单凭计算就能找到一颗行星。勒威耶计算出这颗行星的位置,与亚当斯计算的相差不到1度。这就是直径是地球3.9倍、星等8的海王星。

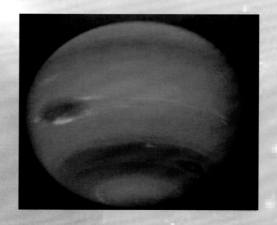

海王星离地球 40 亿千米,用肉眼是绝对看不见的,但它的存在影响了天王星的运动。就是由于这个特点,勒威耶和亚当斯从计算中找到了海王星。

海王星有一个淡绿色的圆轮,赤道直径 49 532 千米,是地球的 3.9 倍,体积是地球的 60 倍,质量是地球的 17 倍,平均密度 1.66 克/立方厘米,单位面积接受的太阳热量是地球的 1/900,表面温度 −173 摄氏度,反照率 0.5,自转周期 16.11 小时,绕太阳公转一周 164.8 年,离太阳的距离 30 天文单位,有寒、温、热三带,热带和温带是相对的,寒带是真实的。也有四季,一个季度长达 41 年。

1989 年,旅行者二号拍摄到海王星近距离照片。从照片上可以看到两块黑斑,其中一块黑斑东西长 12 000 千米,南北宽 8 000 千米,面积约有地球那么大。类似木星的"大红斑",人们称为"大黑斑"。

海王星有浓密的大气,其主要成分是氢气、氦气和甲烷,大气压约为地球大气压的 100 倍。大气中有云带,有狂风、风暴或旋风,有时风速达 2 000 千米/小时(地球台风也只有 200 千米/小时左右)。海王星内部有热源,它辐射出的能量是吸收太阳能的 2.61 倍。海王星和天王星是孪生兄弟,它们的质量、平均密度、大气、直径等都相差不多,只是海王星比天王星更冷、更加遥远而已。

海王星有 13 颗卫星,其中 6 颗是旅行者二号发现的。海卫 1 的平均直径 2 706 千米(月亮的直径是 3 473 千米),是海王星最大的卫星,距离海王星 35.4 万千米,它的轨道直径不断缩小,不断靠近海王星,总有一天达到"洛希极限",被海王星瓦解,形成一个新的环。海卫 1 有三座"冰火山",其中有两座"活冰火山",它们喷出的不是火,而是"冰氮微粒",喷射高度约 8 000 米,地面有液氮海洋、湖泊。海卫 1 自转周期 5 天 21 小时,大气非常稀薄,主要是氮气,占 99.9% 。海卫 1 围绕海王星的运动一反常态,是逆行的卫星,不可能与海王星同时在太阳系里形成;海卫 1 的轨道与海王星的轨道倾角 130 度,如果同时形成,就不会有这么大的倾角。而且海卫 1 离海王星非常近,表面非常年轻,没有什么陨石坑,与海王星表面形成对照;它的表面非常奇特,与海王星表面没有相似之处,所以被海王星捕获的概率很大。

10. 摘掉冥王星第九大行星的桂冠

1930 年 3 月 13 日,业余天文学家汤博(Tombaugh)从拍摄的三张照片上找到了一颗行星,接受英国一位 11 岁小姑娘的建议,命名为普鲁托(pluto——地狱之神),汉语翻译为冥王星。

2001 年 11 月,美国投资 4.88 亿美元,发射了一颗冥王星探测器,叫作"新视野"探测器。2006 年 1 月发射,预计 2015 年到达冥王星。

以国际天文学联合会布莱恩·马斯登为代表的天文学家认为:(1)冥王星的轨道很扁,太阳系的八大行星没有和它相似的,它的轨道很像一颗彗星。(2)太阳系其他大行星的轨道近圆、共面,都在黄道面附近,只有冥王星与黄道面有一个 17 度的倾角,它应该是彗星或者小行星。(3)冥王星质量只有地球质量的 2‰,它的直径只有水星的一半,太阳系的八大行星"羞于"与冥王星为伍。(4)太阳系的4颗内行星是"硬壳星"(类地行星),太阳系的4颗外行星是浓密气体覆盖星(类木行星),而"老九"冥王星却是个小冰球,不够俗套。所以,应该取消冥王星第九大行星的桂冠。

以列维为代表的天文学家认为:(1)把冥王星称为小行星或者彗星不是科学问题,而是人为问题。(2)天文学家们喜欢冥王星的古怪,孩子们也喜欢冥王星,一旦否认了冥王星的地位,大众文化也将否认它的地位,对天文事业不利;甚至教科书上也有冥王星是第九大行星的说法。(3)就凭冥王星轨道的古怪,它的2 400千米的直径,有1 200千米的卫星。说它是小行星,也是小行星王;说它是彗星,也是彗星王。没有必要取消冥王星第九大行星的桂冠。(4)如果由于冥王星的"贬值",美国宇航局冥王星探测计划在资金方面有可能会难以得到支持。一旦错过2006年,就错过了地球、木星和冥王星相对位置的有利地位,下个机会还要再等12年。天文学家们有几个12年?

2006年8月25日,国际天文学联合会在布拉格召开第26届会议。通过表决,决定取消冥王星第九大行星的资格。从此,结束了太阳系有九大行星70年的历史。冥王星,这个家喻户晓的名号,终于被一部分天文学家摘掉了第九大行星的桂冠。

11. 四大类冥行星的异常

2008年6月,国际天文学会将外太阳系柯伊伯带天体分类为"类冥行星"。从此,太阳系有四大"类地行星"(水星、金星、地球、火星)、四大"类木行星"(木星、土星、天王星、海王星)和四大"类冥行星"(冥王星、阋神星、妊神星、鸟神星)。

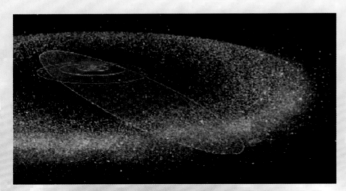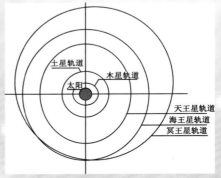

柯伊伯带天体

冥王星的直径2 344千米,比水星、月亮都小。近日点冥王星离太阳的距离是29.99天文单位,远日点为49.3天文单位,轨道偏心率0.248,它的轨道平面与黄道的交角为17度,它环绕太阳公转的周期是248.4年,自转周期6天9时17分。冥王星表面平均温度为-233摄氏度,它的大气压只有地球大气的十万分之一,但仍然有四季变化,有风,有雾,高空有电离层,大气的主要成分是甲烷。冥王星的质量只有地球质量的2‰。

冥王星的卫星"卡戎"(冥卫1),直径1200千米,称为"冥月"。"冥月"离冥王星太近,从冥王星上看"冥月"比从地球上看到的月亮大 30 倍。天上有一颗视面积比月亮大 30 倍的"冥月",是太阳系的一大奇观。"冥月"是太阳系里唯一的一颗同步卫星,永远高挂在冥王星某处的上空。太阳系的其他卫星一般只有行星的百分之几,而"冥月"是冥王星的一半,更像是一对"双行星"。

新发现的冥王星卫星分别被命名为 Nix(冥卫 2)、Hydra(冥卫 3)和冥卫 4。

从冥王星轨道示意图可以看出,冥王星有时比海王星离太阳还近,轨道上有两个交叉点。会不会冥王星和海王星在交叉点相撞呢?永远不会,因为海王星的轨道在黄道面上,而冥王星与黄道面有一个 17 度的轨道倾角。如果冥王星和海王星同时到达交叉点,两者之间的距离仍然有 3.78 亿千米。

阋神星是一颗已知最大的属于柯伊伯带外天体的矮行星,曾经被誉为太阳的"第十大行星"。有一颗卫星被命名为戴丝诺米娅。阋神星直径约 2 400 千米,质量约为地球质量的 0.27%。距离太阳 97 天文单位。阋神星轨道极为倾斜,轨道倾角 44.187 度,公转周期为 557 年,表面温度 55 开尔文,远日点约 100 天文单位,视星等 18.7,卫星阋卫 1。

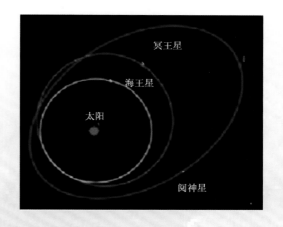

妊神星是夏威夷生育之神,是夏威夷诸神之母亲。有亲近感的妊神星是一颗新近发现的类冥行星,是一个椭圆体,长直径与冥王星差不多,短直径大约是冥王星直径的一半,质量为冥王星的 28%、月球质量的 6%。妊神星自转速度非常快,周期小于 4 小时,这在太阳系的矮行星天体中是无与伦比的。妊神星轨道倾斜角约为 28 度。妊神星有两颗卫星,发现者将其昵称为鲁道夫,妊卫 1 的公转周期约为 49.12 天,距离妊神星 4.95 万千米,直径 350 千米。妊卫 2 于 2005 年 11 月 29 日被发现。

妊神星

鸟神星

妊神星表面有 66% ~80% 的区域被纯结晶水冰覆盖，经常经历表面翻新的事件，重新覆盖上一层冰。2009 年 9 月，天文学家在妊神星亮白色的表面发现了一大块暗红色的斑点，不久这块斑点就消失了。这有可能是一次撞击的痕迹。

鸟神星视星等 16，直径约 1 500 千米，大约是冥王星的 3/4。鸟神星没有卫星，极低的温度（大约 30 开尔文）表面覆盖着甲烷、乙烷冰。鸟神星轨道倾角达 29 度，轨道周期大约 310 年。鸟神星与太阳的距离为 52 天文单位。

米高·布朗领导的团队在 2005 年 3 月 31 日发现了鸟神星，发现时的位置在北天后发座，处于离黄道最远的地方。几年以后，鸟神星距黄道只有几度，处于金牛座，跳得很远，所以被昵称其为"复活兔"。鸟神星表面还有少量冰冻的氮。

统计显示，所有高速旋转的恒星，都没有行星系统。太阳环绕轴线自转得非常缓慢，太阳是一个气态球体，赤道附近的自转周期为 24 天，极区附近自转周期为 34 天。轩辕十四（狮子 α）只需 15.9 小时就自转一周，室女 α（中文名角宿一）自转也很快，是太阳自转的 100 倍。

十四、内太阳系中的陨石坑

1. 月球、水星、火星、地球的环形山

月球表面布满了环形山,已经被命名的有 1 545 个,最大的环形山是赫兹普环形山,直径 591 千米,是太阳系卫星上最大的环形山。月球上 10 千米左右的陨石坑比比皆是。

月球正面的环形山

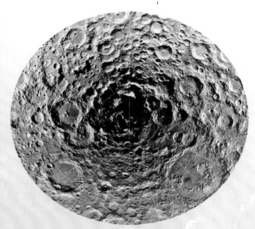

月球极区的环形山

月面的环形山还有直径 125 千米的莱文胡克、143 千米的安东尼亚迪、208 千米的奥本海默、222 千米的加洛伊斯、287 千米的 J. S. 贝利、437 千米的科罗列夫环形山、537 千米的阿波罗环形山等。月亮是地球的近邻,大量陨石也会陨落在地球上。月亮总是正面对着我们,我们能看到数以百计的环形山。"阿波罗"拍摄了月亮背面的环形山,背面比正面的环形山还多。一颗直径 50 千米左右的陨星,以 15 千米/秒的速度撞在月球上,月面被炸成一个大坑。坑内的物质抛出来,溅落在坑的边缘上,形成陡峭的环形墙垣,围住这个坑穴。经过计算,墙垣的体积与坑穴的体积相近。

2. 水星、火星、地球上的巨大陨石坑

水星距离地球很近,被命名的 10 千米左右的环形山有 239 个(左下图),最大的贝多芬环形山 643 千米。国际天文学联合会用中国人名字命名的水星环形山有 15 个,如直径 90 千米的伯牙环形山、120 千米的蔡琰环形山、120 千米的李白环形山、60 千米的李清照环形山、155 千米的关汉卿环形山、170 千米的马致远环形山、120 千米的赵孟𫖯环形山等。水星的直径 4878 千米,是地球直径的 38%。水星的体积是地球的 5.62%,质量是地球的 5%。水星距离地球很近,大量陨石也会陨落在地球上。

火星是地球的近邻,被命名的 10 千米左右的环形山有 845 个,最大的环形山 461 千米。火星盖尔环形山底部有一座 4 800 米的石头山峰。火星质量是地球的 11%。

地球上的陨石坑如南极洲威尔克斯地陨石坑,直径 483 千米;南非弗里德堡陨石坑,直径 300 千米。澳大利亚地质学教授安德鲁·格利克松研究发现,至少有 3 颗 20~50 千米的小行星曾经撞击过澳大利亚。

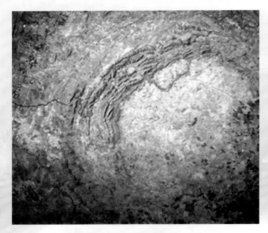

南非直径 300 千米的弗里德堡陨石坑

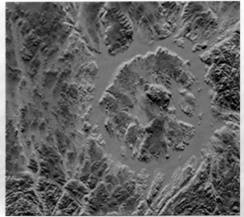

加拿大魁北克陨石坑(中心有凸起)

直径 200 千米的澳大利亚西部蜘蛛陨石坑

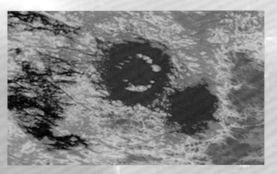

加拿大清水湖双陨石坑

3．陨星撞击地球恐龙灭绝假说

6 500 万年前,一颗直径 10 千米的陨星陨落在墨西哥海湾。撞击所产生的灰尘弥漫在空气里,长达两年之久。地球接受的阳光大量减少,黑暗,寒冷,食物短缺,植物大量死亡。食草恐龙因为没有食物倒下了,紧接着食肉恐龙也倒下了,恐龙灭绝了。"陨星撞击地球恐龙灭绝说"的证据是:在墨西哥海湾有一个大陨石坑;另一证据是全世界的岩石都含有一层矿物质"铱",这些矿物质可能来自撞在墨西哥海湾的陨石灰烬。

本书有不同的看法:

火星、水星,特别是月亮是地球的近邻,被命名的 10 千米左右的陨石形成的环形山总共有 2 629 个(月球环形山有 1 545 个,最大的直径 537 千米;水星环形山有 239 个,最大的 643 千米;火星环形山有 845 个,最大的 461 千米),这三个星球的质量总和为地球的 17.25%(月球质量是地球的 1.25%,水星质量是地球的 5%,火星质量是地球的 11%)。质量越大引力越大,按照质量比例,地球应该有 10 千米左右的环形山 1.52 个。地球年龄 46 亿年,平均每 30 万年就有一颗 10 千米左右的陨石撞击地球。换句话说,地球每 30 万年就有像恐龙灭绝那样的生物灾难。地质研究和生物化石告诉我们,地球生物进化是连续的,没有出现像恐龙灭绝那样的灾难。在 3 650 万年前,马发展起来了,从诞生到现在,马(普氏野马、角马、河马、斑马)曾经经历了 121 次 10 千米左右的陨石撞击地球,马怎么没有灭绝呢?我们人类 250 万年以前诞生,也经历过 8 次这样的陨石撞击,人类不但没有灭绝,还在众生物中进化到智慧生命。

仔细观察上述地球上的陨石坑,那个疑似使恐龙灭绝的 10 千米陨石就渺小了。那么,恐龙是怎样灭绝的?请看太阳遭遇恒星恐龙灭绝说。

4．陨星撞击地球造成重大灾难的时代已经过去

《三国演义》中,诸葛亮夜观天象,发现西南方的一颗大星摇摇欲坠,预测灾难即将发生。不久,这颗大星划破天空陨落,军师庞统遇难落凤坡。一颗遥远的星好像离开了天空坠落下来,它划破夜空,消失在大气中。其实,我们肉眼看到的天上的星,只有几颗是行星,其余都是恒星,它们永远也掉不下来。从天空坠落下来的是在天空中运行的石头或铁块儿。

位于西南非洲纳米比亚的荷巴农场,陈列着世界第一大铁陨石——荷巴陨石。这块铁陨石长 2.95 米,宽 2.84 米,厚 1.22 米,重约 66 吨,1920 年才被荷巴农场的开发者从泥土中无意间刨出。

通常认为,陨石与地球大气层摩擦后逐渐解体,剩余部分陨落在地球上。研究认为,荷巴陨石这个不速之客是以很小的角度接近地球的,而且像飞机降落般擦地着陆,所以陨石坑很浅。

2004 年 3 月 2 日,欧洲航天局发射的"萝塞塔"太空探测器飞向丘里莫夫-格拉西

缌科彗星。"萝塞塔"太空探测器回首为地球拍摄了几张照片以后飞向"司琴"小行星,再拍了一批照片以后就休眠了。"萝塞塔"飞行几亿千米,速度为 15 千米/秒(炮弹的速度为 1 千米/秒)。十年之后,即 2014 年 11 月到达这颗彗星,然后唤醒"萝塞塔"太空探测器,在那颗彗星上投下了一个名叫"菲莱"的着陆器。着陆器携带一台钻机和一个微型试验室。软着陆以后,钻机在彗星上钻了一个 20 厘米的深孔,搜集彗星内部物质,送到微型实验室化验,研究它的形成和生命的起源,把数据发回地球。将这种技术用在危险陨石的爆破上,也是不成问题的。

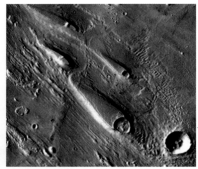

1991 年,伽利略号宇宙飞船发现 243 号艾达小行星有一颗卫星,命名为"艾卫"。1993 年 8 月,伽利略探测器发回的照片展示了 243 号小行星"艾达"和它的卫星。"艾达"小行星长 56 千米,而它的卫星长度只有 1.5 千米,没有向地球方向运动。

欧南天文台预测:2005 年 5 月 31 日,休神星两个蛋形的双体星将与太阳运动到同一条直线上。天文爱好者们认为,天文台不会有如此高的精确度。休神星是双小行星,它们之间的距离只有 17 千米,每颗直径大约都是 86 千米,围绕共同的引力中心做轨道运动。2000 年以前不知道休神星是双小行星,就是因为两者距离太近,距离地球太远,小行星直径太小,分辨小行星双体都有困难,还能分辨出"交食"?而且,它还与太阳在同一条直线上。人们以怀疑的态度等待 5 月 31 日的到来。2005 年 5 月 31 日,一颗小行星的影子像预期的那样落到另一个小行星上,使休神星变暗。对小行星的观测达到如此的精度,简直是了如指掌,这是天文学家们的功绩。预测危险小行星还有困难吗!

很多专家认为,如果一颗直径大于 5 千米的小行星与地球相撞,会使地球产生一场巨大的灾难,大约 1/4 人的生命将被灾难夺走(太夸张了)。要是在 100 年以前,这样的灾难也许会发生,如今,航天技术发展得很快,这样的灾难不会发生了。

正当人们普遍把彗星当作灾星和凶星的时候,一位天文学家把彗星的光引入摄谱仪里,在被棱镜分解出来的彗星光谱中看到了两个碳原子组成的中性碳分子 C_2 的光谱。在彗星的物质里,竟有碳和碳水化合物,这里应该有生命的因素在里面。这时候,人们的思维有了 180 度的大转弯,彗星一下子由灾星、扫帚星变成了一位"带来生命的天使"。

2005 年 1 月 12 日，美国国家航空航天局用火箭将"深度撞击号探测器"发射升空。2005 年 7 月 4 日，它携带的撞击器冲向"坦普尔 1 号"彗星，并撞击成功，还溅起了坦普尔彗星的残片，取得了举世瞩目的成果。如果撞击器上有炸药包或原子弹，就会将"坦普尔 1 号"彗星炸毁，或者推出轨道。"深度撞击号探测器"向前继续飞行，2008 年 8 月观测了太阳系以外的行星，

"萝塞塔"回首看到的地球

发回很多重要照片。2010 年 11 月 4 日，"深度撞击号探测器"飞近"哈特利彗星"，拍摄了 5 800 张照片。这是近距离拍摄的第 5 颗彗星。"深度撞击号探测器"共携带 85 千克肼燃料，接近"坦普尔 1 号"就用去一半，飞跃"哈特利彗星"以后只剩下了 4 千克燃料。

深度撞击"坦普尔 1 号"彗星

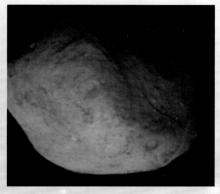

坦普尔 1 号彗星

我们知道，很多彗星轨道都要穿过地球轨道。那么，一些彗星会不会像苏梅克-列维 9 号彗星撞击木星那样，以彗星的头部撞击地球呢？请大家放心，现在的观测技术非常先进，空间望远镜和卫星数以十计，天文台的望远镜都对着天空，天文台的计算机不停地运转，成千上万的天文爱好者搜索着天空，一个细小的危险也躲不开他们的眼睛，他们都在"盯着"那 49 颗有潜在可能撞击地球的彗星，最危险的是 1862 斯威夫特-塔特尔彗星，2126 年将与地球近距离相遇。在这 100 多年的岁月里，不知它还有多少变数。一些小的、区域性的灾难还是有可能的。万一出现大的撞击危险，地球人也会将它爆破，或在彗星附近造成爆炸，将它推出轨道。彗星撞击地球造成巨大灾难的时代已经过去了。

5. 举世瞩目的卡西尼号

1997年发射的卡西尼号探测器携带一个着陆器惠更斯号软着陆土卫6,土卫6的大部分资料来自惠更斯号。卡西尼号探测器有12台仪器,直径2.7米,重达6吨。卡西尼携带的惠更斯号着陆器装有6台仪器。

为了提高卡西尼号的运行速度,天文学家有意让卡西尼号飞越金星。1998年4月,卡西尼号通过金星引力获得第一次加速;然后围绕太阳一周,再飞越金星并获得第二次加速;1999年8月从金星处指向地球,从地球附近飞过,获得第三次加速;2000年12月飞过木星,在木星的强大引力下,获得第四次加速;然后直飞土星,接近土星时在土星的引力下第五次加速。飞行速度26千米/秒,不到光速的万分之一。

在这7年的免费加速过程中,金星以35千米/秒的速度围绕太阳绕转。地球以30千米/秒的速度环绕太阳运动(火车速度的500倍,炮弹速度的30倍),木星以13千米/秒的速度围绕太阳运动,卡西尼号要非常精确地对着它们才能加速。

尽管如此,有些人还经常散布地球与彗星相撞使地球毁灭的言论。其实,彗星的质量比起地球来很微小,不可能将月亮拖走,使地球改变轨道,产生巨大的潮汐。至于彗星的气体含有的氰毒气,远不如汽车尾气所排出的多。因而这种灾难是不可能发生的。

还有人认为,一颗没有观测到的10千米的陨石将撞击地球,会把地球70亿人类灭绝,就跟恐龙灭绝一样。这种情况同样是不可能发生的。

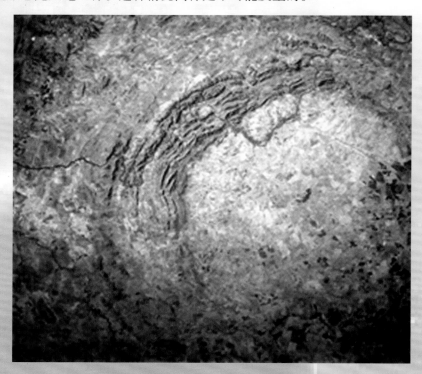

南非直径300千米弗里德堡陨石坑放大图

十五、太阳系曾遭遇恒星撞击

太阳经天纬地,宏伟,和谐。不料,6 500 万年以前,太阳系的第五大行星破碎,形成 4.4 万颗小行星带,地球恐龙灭绝,四大类冥行星突然飞出黄道面,太阳系行星捕获一批小天体;直径 2 000 千米左右的小行星撞击内太阳系行星……这是为什么呢? 是太阳系曾遭遇恒星撞击。

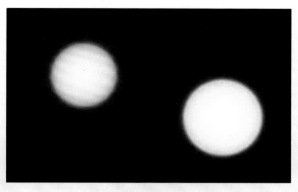

6 500 万年以前,一颗恒星以高速度进入太阳系。这颗恒星的直径是太阳的 85%,质量也是太阳的 85%,类似太阳的第九邻居天苑四(波江座 ε),与太阳相距约 11 天文单位(大约是太阳与土星之间的距离)。这颗闯入的恒星与太阳虽然靠得很近,但各自走着不同的路线。

1. 太阳系最大的灾难

当闯入的恒星离太阳最近的时候,太阳系的第 5 颗行星"银星"靠近了这颗恒星。太阳系"银星"的直径约 6 000 千米,大约是地球直径的一半,运行在火星和木星之间,有点像火星。在闯入的恒星的引力作用下,"银星"轨道发生大的改变。忽然,恒星系统中的一颗直径约 3 000 千米的行星撞上了太阳系的"银星",两颗行星都破裂爆炸,行星碎片的 40% 被闯入的恒星掠去,其余 60% 的碎片成了太阳系的小行星带,约 4.4 万颗,其中包括 933

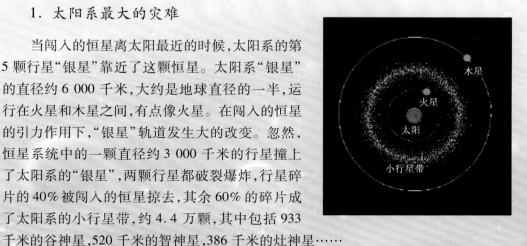

千米的谷神星,520 千米的智神星,386 千米的灶神星……

2010 年 7 月 10 日,罗塞塔探测器访问小行星带,确定小行星带年龄为 5 000 ~ 8 000 万年,这正好是 6 500 万年前太阳遭遇恒星、恐龙灭绝的年代。

来自小行星带的陨石可分为:镍铁型陨石,密度是水的 10 倍,存在魏氏组织,只有行星中心才有这样的密度;岩石型陨石,与地球上的岩石几乎相同,存在二氧化碳和水;碳球粒陨石,含有碳水化合物、氨基酸,来自行星的外层。这些说明小行星带是一颗行星碎裂的产物。

来自小行星带的陨石在地球 5 000 万年之久的岩层中存在,在 1 亿年岩层中却没有。这说明小行星带是 5 000 万年至 1 亿年之间的产物。

2. 横冲直撞的小行星进入内太阳系

火星奥林匹斯盆地是一颗小行星撞击而成的,宽 5 500 千米,长 1.06 万千米,四周形成奥林匹斯山山脉,按照美国宇航局 NASA 公布的计算结果,当年撞击火星的天体的直径应为 1 950 千米,以小角度撞击了火星。

火星奥林匹斯盆地   塔里木盆地

无独有偶,塔里木盆地也是一颗小行星撞击而成的,东西长 1 400 千米,南北宽 520 千米。准格尔盆地东西长 700 千米,南北宽 370 千米。两盆地之间有断裂沟。内太阳系没有如此之大的、横冲直撞的小行星,那是闯入太阳系恒星系统的 2 000 千米的小行星撞击造成的。

证据 1:这些巨大陨石坑的形状为椭圆形,圆形和椭圆形是撞击坑的特征;

证据 2:陨石坑周围的山脉是环形山脉,撞击后的周围隆起山脉;

证据 3:地质研究证实,塔里木盆地周围山脉突然隆起的时间是中生代末期,6 500 万年前后,是太阳遭遇恒星的年代。

证据 4:塔里木盆地 1 000 米厚的沙漠和戈壁来自球粒硅酸盐组成的小行星陨石。

推测:6 500 万年以前,一颗恒星系统闯入太阳系,恒星系统的一颗直径 2 000 千米的球粒硅酸盐成分的小行星向地球靠近,不久遮住了太阳,天似乎要塌下来。当进入地球大气层时,这颗小行星周围被滚滚碎砂石包围,后面由碎砂石组成了巨大的尾巴,尾巴上有砂石滚滚的旋涡,活像一个怪物。小行星与地球大气高速摩擦时表面产生高温,内外胀缩不均,不断剥离,不断风化。突然,这颗小行星分成两块,大的 1 200 千米,小的 730 千米,轰隆隆地陨落到地面时,只有原来体积的 20%,与地平面倾角 60 度撞击。整

个大地剧烈摇晃,超强地震,环边山脉突然隆起,形成椭圆形的塔里木盆地和准格尔盆地。接着,从小行星上剥落下来的碎砂石的洪流从空中铺天盖地般落下,像暴风骤雨,像波澜壮阔的流星雨。巨大的沙尘气柱顶天立地,沙尘风暴席卷整个大地,使塔里木盆地盖上了一层上千米厚的沙粒。小行星撞击事件发生在中生代(约6 500万年前后),那时地表植物茂盛,特别是桫椤,动物、微生物也十分发达,是小行星物质将它们埋了起来,在高温、高压环境下形成了石油、天然气、煤炭。

3. 闯入的恒星把边缘的行星丢给了太阳系

当闯入的恒星还没有远离的时候,火星从太阳的另一侧转过来了,它的引力抓住了"恒星系统"的一个天体"福博斯",因为这个天体离火星太近了,距离火星只有9 350千米。福博斯的大小是27千米×22千米×19千米。它开始围绕火星运转,周期只有7小时39分钟,而且仍然按照闯入的"恒星系统"运动的方式运动,围绕火星逆向运动,与太阳系的其他天体相反。福博斯成了火星的火卫1。

木星从太阳的另一侧转过来比较晚,但它的引力很大,它把大量的"银星"碎片吸收到自己的怀抱,还把闯入的"恒星系统"中的4个小天体俘获,使其围绕木星做逆向运动,形成木星最外边的4颗卫星,同样按照"恒星系统"运动的方式运动,与太阳系的其他天体相反。土星最远的220千米的土卫9也是从"恒星系统"那里俘获的。最大的收获是海王星,它把平均直径2 706千米的一颗星收入囊中,成为海王星的海卫1。观察上述俘获的卫星照片发现,它们的形象、表面的陨石坑、灰尘般的覆盖物、灰蒙蒙的颜色与地球固有的卫星截然不同。

闯入太阳系的恒星渐渐远离了,在它的结构里,有它部分固有的天体,也有捕获的太阳系的天体。同样,在太阳系的结构里,也有捕获的"恒星系统"的天体。

4. 太阳遭遇恒星恐龙灭绝说

中国有句名言,叫作"祸不单行",说的是灾祸一旦发生,要提防第二次灾难接踵而来。当太阳与这颗闯入的恒星达到"近星点"附近的时候,两个太阳都出现了严重的变形,都由圆形变成了卵形,两个太阳的轨道都出现很大的变化。因为这两个太阳势均力敌,都不曾将对方撕破,随着不断的远离,它们都恢复了圆形。这时候地球从太阳的另一侧转过来了。幸亏地球从太阳的另一侧转过来晚了一些,要不,很有可能遭遇闯入的"恒星系统",甚至将那团圆月掠去。

起初,两个太阳一起照射地球,地球的白天显著变长。地球温度直线上升,甚至达到70摄氏度。对于统治地球的巨大生物群恐龙来说,似乎来到了一个陌生的世界。恐龙们在这里称霸已经1亿多年了,空中有翼龙,陆上有盘足龙,水里有蛇颈龙……它们的种类多达百种,数量高达几个亿。这时,恐龙的家园面目全非:碧绿的树叶被烤黄以后脱落了,往日清澈见底的溪流冒着蒸汽,喝一口湖水烫坏了恐龙的舌头,吸几口空气灼伤了恐龙的肺部。热辣辣的天空没有一片云彩,那是因为气温太高,只蒸发不凝结的缘故。昔日的绿色大草原一片金黄,野火卷着浓烟随风肆虐,又闷又热的空气到处飘荡着……我们知道,动物和植物的蛋白质在 55 摄氏度时就开始变质,这时候地球表面温度直逼 70 摄氏度。

地球气温升高导致水分的大量蒸发,大气的水分增加又不能凝结成雨水,促使大气压急剧变化。地球上那些缓慢的、依赖热量的化学反应也忽然剧烈起来。地球上的海水在两个太阳和月亮的三重作用下产生了巨大的潮汐,巨大的海啸接踵而至,很多低洼的陆地都被热海水淹没,98% 以上的植物和动物都陷入绝境。

闯入太阳系的恒星系统渐渐地远离了,它撞碎了太阳系的第五大行星,它灭绝了地球上的恐龙,扬长而去。天气慢慢凉爽起来,空气中的水蒸气凝结成水滴,乌云密布,瓢泼大雨从天而降,山洪爆发,泥石流将恐龙们的尸骸一股脑地推到山坳,其中包括草食恐龙、肉食恐龙以及它们的幼小恐龙。这就是人们现在发现的"恐龙公墓"。

随着时间的推移,地球平静下来了:阳光明媚,空气温和。大树的根部冒出了嫩芽,草地上生出了新的绿叶。暗河里流出的泉水中,银白的小鱼在游戏。布满大石头的山洞池塘里,青蛙们呱呱地叫个不停。鳄鱼们从山洞里爬出来,静静地浮在湖面,等待着它的美餐。一群群小哺乳动物从低矮的山洞里出来,很快就占领了它们的有利地盘并繁育起来。在它们看来,世界没有什么变化,只是那些庞然大物——恐龙们不见了,树林里安静多了。看来,死者也是对生者的奉献,这次恐龙对哺乳动物奉献的,是整个地球。从此,地球开辟了哺乳动物大发展的新时代。

太阳系遭遇恒星以后,地球轨道、温度变化很大,侥幸活下来的恐龙们生下的后代,是清一色的性别。这是它们的习性,这是它们最后的自杀。

恐龙的种类很多,习性也有较大的区别。大型恐龙灭绝了,小型恐龙也受到重创。那些侥幸活下来的小型恐龙们,为生存所迫、环境所迫,也自然地调整自己的习性,甚至向鸟类过渡。化石能证明小盗龙四肢上长出了羽毛。难道它们进化成鸟了?

5. 是谁扰乱了柯伊伯带的引力结构

闯入的恒星进入太阳严重地扰乱了柯伊伯带的引力结构,使四大类冥行星轨道倾角、偏心率与太阳系其他天体有了巨大的区别。太阳系的八大行星、小行星带等天体的轨道都在太阳系的黄道面上，而冥王星与黄道面有一个 17 度的轨道倾角，妊神星轨道倾角为 28 度，阅神星轨道极为倾斜，轨道倾角 44.187 度，鸟神星轨道倾角 29 度。是谁与太阳抗衡，把太阳柯

柯伊伯带天体与黄道平面倾斜

伊伯带天体弄得凌乱不堪？如果远古就是这样，这样大的偏心率、倾角和共振，在太阳系形成初期必然碰撞的过于猛烈，不会形成像冥王星、妊神星、阅神星、鸟神星之类的行星。很明显，这是太阳系形成以后闯入的恒星造成的。

观测表明，柯伊伯带物质十分稀薄，不能形成像冥王星、妊神星、阅神星这样的矮行星，它们的存在意味着那里的物质原本十分雄厚。"缺少了的物质"哪里去了呢？是那颗闯入的恒星捕获了太阳系的小天体而去。

● **亲眼看看半人马 α 遭遇恒星**

半人马 α 星，全天第三亮星，两颗主星围绕共同的质心绕转，周期为 80.089 年，

通常理论认为，半人马 α 还有一颗小伴星，星等 11，绝对星等 15.1，这就是著名的"比邻星"，是最靠近太阳的恒星，距离太阳 4.22 光年，距离半人马 α 主星 1.3 万天文单位，以圆形轨道围绕两颗主星绕转，周期 80 万年。

比邻星不是土生土长的第三联星，是从半人马 α 那里经过的。因为质量之和越大，轨道半径越小，半人马 α 与比邻星质量之和有 2.5 倍太阳质量，可谓质量较大。如果比邻星是土生土长的，它的轨道应该很小。比邻星一反常态，轨道半径 1.3 万天文单位。查过几十颗双星和聚星，轨道半径最大的只有 100 天文单位。比邻星距离主星 10 天文单位才能将它捕获。应该给半人马 α 正名：半人马 α 是双星，比邻星是路过的伴星，就像太阳系曾遭遇的那颗恒星。

6. 太阳系将再一次遭遇恒星

根据伊巴谷卫星的测量，140 万年以后，又一颗蛇夫座 GL710 星将闯入太阳系，距离太阳 0.13 光年处（太阳系的半径 1.6 光年），下页右上图是有行星的红矮星，蛇夫座 GL710 星也是红矮星。

根据伊巴谷卫星的测量，Ross248（罗斯 248）太阳的第 12 邻居，4 万年以后靠近太阳系。格力斯 445 恒星、HIP85605 恒星近日点距离太阳 0.13 光年（8200 天文单位），横穿太阳系的奥尔特云。

伊巴谷卫星的测量误差是非常大的（如猎户座三星中的参宿二距离太阳 1340 ± 500 光年，误差竟有 1000 光年），无论上述恒星是否更靠近太阳，不妨事的，它们都是

红矮星,质量都很小,不会对地球产生影响。

6500万年以前灭绝地球恐龙的、摧毁太阳系第五大行星的、把边缘天体丢给太阳系的、小行星撞击了火星和地球形成巨大盆地的、严重扰乱了柯伊伯带的引力结构的不是红矮星,可能就是太阳的第九邻居类日

柯伊伯带天体与黄道平面倾斜

恒星天苑四(波江座 ε)。证据是:1)天苑四有一个像太阳系小行星带那样的小行星带,推测是摧毁太阳系第五大行星时获得的。2)天苑四的星风是太阳的30倍,色球活动和磁场活动比太阳强多倍,与太阳擦肩而过时对恐龙有巨大伤害。3)天苑四是年轻恒星,有木星那样的行星天苑四b,有一颗地球那么大的天苑四c,都按长椭圆轨道运动,推测长椭圆轨道是在与太阳擦肩而过的时候太阳造成的。4)天苑四下一次与太阳靠近在10.5万年以后。

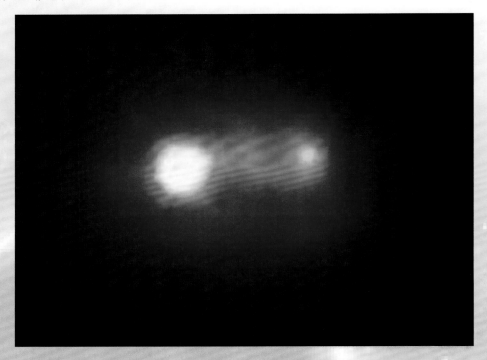

如果两颗恒星擦肩而过,或者都有行星系统,当它们渐渐远离的时候,都会捕获对方天体而去。如果它们的行星有像恐龙那样的生物,它们就有可能被灭绝。

十六、彗星

1. 探测哈雷彗星

早先,天空中彗星一出现,西方世界总有一两件不愉快的事与彗星连在一起,作为彗星出现是灾难的印证。西方世界没有一件喜庆的事情是与彗星相联系的。

在中国,人们把彗星叫作扫帚星(左图),从古至今就没有把它当作恐惧的事儿。中国古书有很多记载彗星的:"彗,所以除旧布新也。"(《左传·昭公十七年》)

彗星者,天之旗也。《河图帝通纪》

2 600多年以前,即公元前611年,我国古书就有哈雷彗星的记载。公元4世纪,晋书《天文志》记载:"彗星所谓扫星,本类星,末类彗(开始像颗星,后来才像彗星),小者数寸,大或经天(小的只有几寸,大的横跨天空)。彗本无光,傅日而为光(彗星本身不发光,靠近太阳时反射太阳光),故夕见则东指,晨见则西指(傍晚看到彗星,彗尾指向东;早晨看到彗星,彗尾指向西)。在日南北,皆随日光而指,顿挫其芒,或长或短(在太阳附近,彗尾指向太阳所在的相反方向,光芒受到影响,彗尾长短不一)。"公元4世纪,中国天文学家就对彗星如此了解,比欧洲早了1 200年。

彗星的出现是屡见不鲜的,肉眼可以看见的,平均每两三年出现一颗,用望远镜可以观察的彗星就不计其数了。天文学家们在离太阳100天文单位(150亿千米)处,发现数十亿颗彗星,它们都围绕太阳运行,大都是运行周期200年以下的短周期彗星,称为柯伊伯带。哈雷彗星的周期76年左右,属于短周期彗星。

在1万至10万天天文单位(1天文单位等于1.5亿千米)处,发现数万亿颗彗星围绕着太阳,它们都沿着各自的轨道绕太阳运动,周期约100万年,属于长周期彗星。天文学家们把这里称为奥尔特云。

奥尔特云中的彗星在运行中有可能彼此相撞,从而改变运行轨道,可能向太阳飞来;也有可能遭遇过路的恒星,从而使彗星改变运行轨道,向太阳飞来。蛇夫座GL710将是下一个干扰奥尔特云和柯伊伯带的恒星。

天文学家哈雷对几颗大彗星进行轨道计算,算出这几颗彗星有一个长的椭圆形轨道,其中1531年、1607年、1682年所观测的三颗彗星的轨道非常相似,他断定是一颗彗星的三次出现,1758年还会再来。果然,这颗彗星按时回来了,它的周期是76年,那时哈雷已经去世了,他没有看到彗星按时回来。然而,很多人看到了哈雷彗星,从

此,哈雷与彗星连在一起,把这颗彗星叫作"哈雷彗星"。

哈雷彗星的近日距 8 800 万千米,比金星离太阳的距离还近;远日距 52.8 亿千米,比海王星到太阳的距离还远(海王星到太阳的距离 38.5 亿千米)。距离太阳 5 亿千米时彗发才出现。人们把彗星明亮的一点叫彗核,发光的尾巴叫彗尾,围绕彗核的雾气叫彗发,彗核与彗发连在一起叫彗头。

彗尾每次掩蔽一颗恒星,却没有使恒星的光辉暗淡,也没有使星光折射,还可以看到被掩蔽的星。如果彗尾有足够的密度,会使星光折射。彗尾是由什么组成的呢? 为什么是透明的呢? 从光度的观点计算出彗头附近气体的密度,是地球空气密度的 2×10^{-17}(小数点后面 16 个零再跟上一个 2),这是高度的真空,地球上的实验室也难制造出这样的真空来。既然看得见,当然有物质存在,彗尾中有分子、离子,如一氧化碳离子略呈蓝色,这样的彗尾又称"离子彗尾"。由于彗核冰蒸发,气体和尘埃喷射出来,故被称为"尘埃彗尾"。

当一颗大彗星靠近木星和地球的时候,它没有给木星、地球、月亮的运动以任何的摄动,甚至三者最小的月亮也没有受到丝毫的骚扰,说明彗星的质量是非常小的。彗星的物质集中在彗核,彗核的直径大约只有几千米到几十千米。假使一颗大彗星有地球那么大的质量,靠近地球的时候,也会改变我们地球的轨道。

彗星受到三种力,从太阳那里受到两种相反的力。一个是引力,彗星受到太阳的引力向太阳飞来,大部分彗星加速以后离太阳而去,也有直接撞上太阳的。另一个是日光的斥力,一个完全反光的物体,放在大气以外的日光里,所受到的日光斥力只有 0.001 克/平方米,尽管如此之小,还是把彗尾、彗发压向太阳的另一方。第三种力是它本身发出的,当它离太阳 5 亿千米左右时,彗核中的冰开始升华、蒸发,气体和尘埃喷射出来,使彗星的轨道发生微小的变化。

彗星的数量很多,天文学家开普勒说:"和海里的鱼一样多。"虽然这是夸张的说法,但太阳系里的彗星总数至少有 10 万亿颗。

1910 年,一颗巨大的彗星来到地球上空,这颗彗星就是哈雷彗星,由于它与地球靠得太近,当彗星的头部已经飞入地平线以下时,它的彗尾还在人们的头顶上。当时的天文学家马克思·沃尔特通过计算发表论断:"彗星将与地球相撞,人类有灭顶之灾,彗星中的氰化物、一氧化碳会毒死人类和动物。"顿时,人心沸腾,美国的镇静药片立即畅销,马克思·沃尔特的图书立即成为畅销书,社会上自杀率明显上升,象征"世界末日"的哈雷彗星与地球相撞到来之前,竟有 200 多人因此自杀。1910 年 5 月 18

日,哈雷彗星的大尾巴确实"扫荡"了地球,但地球风平浪静,安然无恙,只有一个很小的意外:法国一位名叫阿伊德·布莉亚尔的家里的一只母鸡生了一枚"彗星蛋",蛋壳上的图案是哈雷彗星。

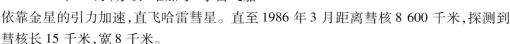

1986 年,哈雷彗星再次回归的时候,距离地球只有 9 200 万千米,天文学家们忍耐不住哈雷彗星的吸引力,抓住大好机遇,发射宇宙飞船探测哈雷彗星。

1984 年 12 月,苏联"维加号"宇宙飞船依靠金星的引力加速,直飞哈雷彗星。直至 1986 年 3 月距离彗核 8 600 千米,探测到彗核长 15 千米,宽 8 千米。

1986 年 3 月 14 日,欧洲空间局发射的"乔托号"宇宙飞船直接切入哈雷彗星主体,距离彗核 500 多千米,遭受到隆隆而来的彗星尘粒的轰击,宇宙飞船迅速向地球发送资料。资料显示,90% 的彗星尘埃是含碳物质,发送 34 分钟以后,"乔托号"宇宙飞船的大半仪器被摧毁,"以身殉职"了。

2. 流星雨和彗星的亲缘关系

仙女座流星雨:太阳系里有一颗普通的彗星,1826 年 6 月 27 日,一位奥地利姓比拉的军官发现了它,所以叫作比拉彗星。它的回归周期 6.62 年,在太阳系里已经运行多年,很多人看到过它。

1828 年,比拉彗星接近地球,它的位置处在与地球轨道的交叉点上,但地球一个月以后才过这一点,它是越地球而过。比拉彗星与地球的距离只有 8 000 万千米,这个数字作为星体之间的距离是很小的,有些人产生了恐慌。

1846 年 1 月 13 日,天文学家们发现比拉彗星分裂成两颗了,像孪生的姐妹一样向一个方向运动,之间的距离不断拉大。比拉彗星分裂是这颗彗星灾难性的预兆。

1859 年,比拉彗星应该回来了,但人们没有看到它。1865 年也是比拉彗星的回归期,在它的位置上仍没有发现它。人们渐渐地忘却比拉彗星了。

1872 年 11 月 27 日夜晚,地球运行到与比拉彗星轨道相交的那一点,天上落下一阵真正的流星雨。请看法国天文台台长弗拉马里翁的叙述:这是一场真正的流星雨,流星像骤雨般地落下。这绝不是夸大的形容词。那里是耀眼的火球,这里是无声的流弹,到处都像放射焰火。就这样,流星雨从晚上 19 时一直下到第二天 1 时,天上划过 16 万枚流星,都是从天空中相同的一点发出来的。

这些流星雨无疑是地球碰到了比拉彗星轨道运行的无数碎片造成的。这一群流星和比拉彗星的亲缘关系是不能有丝毫怀疑的。这就是著名的仙女座流星雨,又叫比拉流星雨。流星雨过去了,地球安然无恙。

狮子座流星雨与滕珀尔彗星有关。滕珀尔彗星经常受到天王星的摄动,它的周期33.18年。当地球经过滕珀尔彗星轨道上稠密碎片的时候,流星雨就发生了。

狮子座流星雨木刻照片,是1883年11月13日美国波士顿发生的狮子座流星雨,使人们惊骇万分的情景。有个成语叫"天花乱坠",形容不切实际的夸张,狮子座流星雨是真正的"天花儿",在波士顿纷纷"乱坠"下来。

狮子座流星雨爆发的时候,人们看到成千上万的流星和火球持续落了4个小时,就像天上下来了一阵火雨。有人分片计数,竟有24万颗之多。最大的流星看上去有月亮那么大。流星的颜色是淡红的,因为地球与它们迎面相撞。一位农夫第二天早晨赶忙起床,好奇地看一看天空,"是不是天上所有的星都落光了",他惊喜发现,天上的星一个也没少。

近年来,每到狮子座流星雨到来之夜,都有很多人熬夜,眼望天空,等待流星雨大爆发,有些人在家里看电视台实况转播。遗憾的是,他们没有看到大爆发的壮丽情景,只看到一些稀稀疏疏的流星。难道狮子座流星雨就是这样的吗?不是。根据天文学家唐宁和斯托文(Stoven)的计算,由于狮子座流星群受到了木星、土星、天王星的摄动,流星群的主要部分已经远离地球300万千米。从19世纪末始,人们可能不会再看到波澜壮阔的狮子座流星雨大爆发了。

最著名的流星雨是狮子座流星雨、仙女座流星雨、猎户座流星雨、英仙座流星雨四个。其次还有双子座、雅科比尼、天琴座、象限仪座等,还有几百个辐射点。

1 500年前,中国曾出现过一次非常壮观的流星雨。

公元512年,梁武帝萧衍政权建立10周年。在现今中国江苏常州武进区,云光法师布法讲座,有声有色,极其动听,感动了上天,上天将一束束天花抛了下来。其实,那是一场惊心动魄的、遍布夜空的流星雨。梁代《心地观经·序品》记载:"六欲诸天来供养,天花乱坠遍虚空。"后来,词典编著者不相信会有天花乱坠,竟然将其解释成"夸张,而不符合实际"了,把发生在中国的一场流星雨抹杀。悲也!

观赏流星雨应该注意的是:

(1)选择。天文学家们发现流星辐射点几百个,我们观赏流星雨就要选择曾在地球上大爆发的著名流星雨,它们是狮子座流星雨(11月15日至17日)、仙女座流星雨也叫比拉流星雨(11月17日至27日)、猎户座流星雨(10月18日至20日)、英仙座流星雨(8月12日至13日)。

(2)要有看不到流星雨的思想准备。流星雨是罕见的天象,有的人一生也没有见过流星雨。有时候流星群靠近地球,并不是都能爆发大的流星雨。如果这群流星已经有很长的历史,它的成员有很长的时间在轨道上散开,形成一片很稀疏的流星群,就不会爆发大流星雨。相反,如果这群流星是新近的,是一个很密集的群,它与地球相遇,就要发生大的流星雨了。如果地球与流星群的周期不是可公约的,流星雨的爆发周期就需要很长时间。如果这一流星群受到行星的摄动,改变了轨道和周期,地球所碰到的是它的边缘稀薄的成员,就有可能上一周期发生大流星雨,而这一周期却没有。

(3)流星的颜色有讲究。如果流星与拖尾都是黄色的,则它们是从侧面射向地球的,如英仙座流星雨;如果流星是绿色拖尾,则它们是从地球的前面射向地球的,流星和地球运动方向相反,如狮子座流星雨;流星与它的拖尾都带红色,因为它们与地球在此时同一个方向运动,所以表现得的非常迟缓,如仙女座流星雨。

(4)数以千计的彗星都有可能崩解,在它的轨道上有碎片的洪流,如果我们的地球没有从那里经过,就看不到流星雨,就像2000年8月林尼尔彗星在太阳附近崩解了,但地球没有从那里经过。

3. 每颗彗星都有一个悲伤的故事

彗星都是从寒冷的远方而来的,来到灼热的太阳身边,在太阳的照耀下,彗核表面生热,使部分表面物质升华,升华的物质受到日光斥力,压向太阳的另一方,形成彗发和彗尾,同时也造成内外胀缩不匀而出现崩裂。热量逐渐传导到里面的深层,就离开太阳到冷僻的地方去了,它们的大部分时间都在寒冷中度过。那些双彗星、有伴彗星、多头彗星,都是经过崩解分裂的,原先本来就是一颗彗星。人们同时发现,在有些彗星的轨道上,彗星的前后伴随着颗粒状的陨石洪流,这些颗粒状的陨石是彗星崩解的碎片。这些颗粒状的陨石一旦与地球相遇,在地球的大气里将形成流星雨。右图是林尼尔彗星分裂成碎片。

施瓦斯曼-瓦赫曼3号彗星来自太阳系,由水冰和尘埃组成,轨道为椭圆形,回归周期11年,是一颗很体面的彗星。1995年回归的时候,人们发现它已经变成3颗了,像一辆带斗小货车在太空中运行。2006年施瓦斯曼-瓦赫曼3号彗星又回归了,距离地球11万千米。人们发现它已经分裂成60颗了,像一列小火车在太空中运行。

丘里莫夫-格拉西缅科彗星是一颗"不起眼"的彗星,是一个"脏"雪球,其容貌丑陋,"形状像个橄榄球",长6千米,直径3千米。它周围有非常小的气团和尘埃团,以30千米/秒左右的速度向太阳飞来,围绕太阳旋转周期为6.6年,离太阳最远的时候为5.5天文单位,离太阳最近的距离为1.3天文单位,是个不体面的"丑小鸭"。

不料,"小丑鸭"一夜之间变成了"天鹅"。欧洲航天局于2004年3月2日发射的

"萝塞塔"太空探测器飞向这颗冰冷的彗星,飞行几亿千米,速度为 15 千米/秒(炮弹的速度为 1 千米/秒)。十年之后,即 2014 年 11 月到达这颗彗星,然后唤醒"萝塞塔"太空探测器,并在那颗彗星上投下一个名叫"菲莱"的着陆器。着陆器携带一台钻机和一个微型试验室。软着陆以后,钻机在彗星上钻出一个 20 厘米的深孔,搜集彗星内部物质,送到微型实验室化验,研究它的形成和生命的起源,把数据发回地球。将这种技术用在危险彗星的爆破上,也是不成问题的。

这颗变成天鹅的彗星之所以被天文学家们青睐,是因为它的上面有着生命的信息,有一些构成生命的氨基酸。他们猜想,就是因为彗星撞击地球,给地球带来构成生命的氨基酸以后,地球上才有了生命。2014 年 11 月 12 日,菲莱着陆器安全降落,引来世界科学家的一片掌声。

形状像个橄榄球、高速旋转的彗星不止一个。加州理工大学教授 Mike Brown 发现的闹神星(Eris),也像一个高速旋转的橄榄球,长轴有冥王星那么大。它本来是柯伊伯带天体,由于与另外一个天体相撞而改变了运行轨道,居然闯进了海王星轨道,最终会接近海王星,在海王星的摄动下进入内太阳系。

苏梅克-列维 9 号彗星被木星瓦解成 21 块,2 千米以上的有 12 块,最大的一块 4 千米,破碎前长 35 千米;哈雷彗核长 15 千米,宽 7～10 千米。然而,闹神星的平均直径约 2 000 千米,几百万年以后可能飞到地球上空,也许人们能估计出闹神星(不是阅神星)飞到地球上空会是什么样子,会不会使我们的月亮改变轨道。这是不可预见的。

恩克彗星是一颗短周期的彗星,在 1818 年 11 月 26 日由马赛天文台看门工人庞斯发现。恩克彗星的周期是 3 年零 106 日,近日点时距离太阳只有 0.33 天文单位(1 天文单位约等于 1.5 亿千米),每一次回归周期都要缩短 2.5 小时,这说明恩克彗星正在加速运行。它旋转的彗核发射出的气体形成一个短尾巴,人们有十几次看到它的回归,但彗核发出的气体没有减弱。

滕珀尔彗星经常受到天王星的摄动,它的周期为 33.18 年。1883 年 11 月 13 日,地球经过滕珀尔彗星轨道上的陨石洪流,壮观的流星雨就发生了,成千上万的流星和火球持续落了 4 个小时,竟有 24 万颗之多。

布罗尔孙彗星是一颗失踪的彗星,周期为 5.5 年,两次被木星改变轨道,1937 年在太阳系的大行星吸引下,又有大的摄动使它再次改变轨道。从此,这颗不幸的彗星就失踪了。一颗正常的彗星怎么会失踪或消失了呢? 有几种见解:轨道参数改变了,星体崩解了,撞向木星了。

1680 彗星。1680 年的大彗星是基尔希(Kirch)发现的。它的轨道偏心率为 0.999 985,远日点 850 天文单位,近日点 0.006 22 天文单位。它从距离太阳灼热的表面只有 23.5 万千米处掠过,以 530 千米/秒高速通过温度极高的日冕。让人惊奇的是,它没有被太阳烧毁,从容地从这个大火炉里走了出来。

1843I 彗星。1843 年 3 月 19 日的彗星是克罗茨(Kreutz)发现的,有一个非常长的尾巴。它的轨道偏心率为 0.999914，近日点只有 0.005527 天文单位。这颗彗星从日珥通过后，在它经过的太阳表面出现一个异常大的痕迹。这个痕迹有地球直径的 10 倍，整整维持了一周之久。有人假设这个痕迹是"彗星的一大块物质向太阳陨落"造成的。

　　一颗 SOHO 彗星一直高速度向太阳飞去，2000 年 4 月离太阳很近了，它将在与太阳相撞以前粉身碎骨，化成一片灰烬。照片是 2000 年 4 月 29 日用大视角分光日冕仪（LASCO）相隔 2 小时拍摄的。SOHO 是一颗太阳观测卫星，在观察太阳的时候，几年来发现数以百计的彗星撞向太阳，其中最为壮观的有 SOHO-79 彗星、SOHO-111 彗星、SOHO-367 彗星、SOHO-500 彗星，它们拖着长长的尾巴，以每秒几百千米的速度勇敢地向太阳撞去，像"飞蛾扑火"那样，这群"小飞蛾"扑向太阳系里最大的"火"。

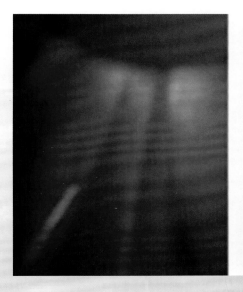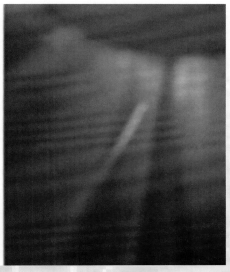

　　1811 彗星。1811 年的彗星是近代最著名的彗星，它的特点是彗头的直径大，彗尾 1.6 亿千米，它的近日点竟有 1.035 天文单位，比地球到太阳的距离还长。远日点 420 天文单位，是海王星与太阳距离的 14 倍。这些数字表明它的寿命十分长久。

　　1862 斯威夫特-塔特尔彗星。天文学家们预测，斯威夫特-塔特尔彗星将于公元 2126 年与地球近距离相遇，很有可能与地球擦肩而过，也不排除与地球撞个满怀。斯威夫特-塔特尔彗星的轨道很椭长，一直运动到太阳系的边缘才转向太阳方向运动，预计 2126 年进入地球轨道。在这漫长的岁月里，不知它还有多少变数。

　　柯伊伯带和奥尔特云有数万亿颗彗星，如果它们改变运行轨道，可能会向太阳飞来，向太阳飞来的所有彗星都进入死亡程序，每个彗星都有一个悲伤的故事。

十七、外星人不曾来过地球的证据

世界各地有许多人,其中包括男人、女人、孩子、军人甚至还有博士,声称自己曾经见过外星人,有的还被劫持。他们描述的外星人有一副恐怖的面孔,一颗大脑袋,一对大眼睛,一个小鼻子,一张薄唇的嘴,没有耳朵,细长的脖子,生长着一身类似某种动物的皮肤,是身材短小的畸形人类,甚至埃及金字塔也有外星人的形象。

本书认为外星人不曾来过地球。

1. 距离地球最近的外星人有多远

太阳的邻居	恒星的名称	光谱	绝对星等	温度	赤经	赤纬	距离光年
第6邻居	拉朗德21185	M2	10.44	34 00	11h3m20s	+35°58′12″	8.291
第11邻居	罗斯154	M3	10.07	2 700	18h49m49s	−23°50′10″	9.681
第13邻居	天苑四	K2	6.19	5 100	03h32m56s	−09°27′30″	10.522
第14邻居	Lacaille9352	M1	9.75	3 340	23h05m52s	−35°51′11″	10.742
第31邻居	鲸鱼τ	G 8	5.67	5 344	01h44m04s	−15°56′15″	11.887
第38邻居	卡普坦星	M1	10.87	3 800	05h11m41s	−45°01′06″	12.777

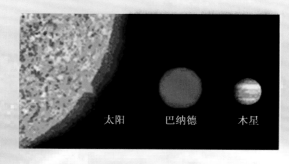

太阳　　巴纳德　　木星

最靠近太阳的恒星是南门二(半人马α星),视星等 −0.3,太阳的第一邻居,是一组三联星,没有行星。没有行星,就没有外星人。太阳的第四邻居巴纳德星有两颗行星,其中一颗行星的质量是木星的80%,另一颗行星是木星的40%。木星级别的行星从周围空间吸附气体和尘埃,致使行星表面气压非常大,风速达到600千米/小时。这样的行星不可能有外星人。巴纳德星向太阳方向飞驰而来,自行速度非常快,一般的星自行每年不到1角秒(把手臂伸直,立起小拇指,小拇指所挡住的视角为1度,1度等于3 600角秒),而巴纳德星自行每年10.31角秒,运行速度达149千米/秒,一艘100千米/秒的宇宙飞船还追不上它(美国"旅行者1号"以17千米/秒的速度飞行)。巴纳德星绝对星等13.1,非常暗淡。太阳的绝对星等5,巴纳德星比太阳暗1 000多倍。如此暗淡的恒星系统不会有外星人。

比太阳暗1万倍的沃尔夫359星是太阳的第五邻居,是一颗靠近太阳的68颗恒星中质量最小、亮度最暗的M6型红矮星,位于狮子星座,视星等13.44,绝对星等16.55,非常暗淡,不足以使它的行星生物进化到人类。沃尔夫359是一颗自行速度非常快的星,空间速度 103 千米/秒,径向速度 19 千米/秒。沃尔夫 359 是闪光星,闪焰发生率高,哈勃太空望远镜观测到它两小时发生 32 次闪焰,是已知的红矮星闪焰发生率最高的,闪焰时释放出的能量突然增大。

太阳的第六邻居拉朗德 21185 是颗红矮星,有适合人类居住的宜居带,在宜居带的行星可能有外星人。假如拉朗德 21185 有地球那样的行星,有外星人,那么外星人的一艘宇宙飞船以 30 千米/秒的速度向地球飞来,需要 8.291 万年才能到达。如果外星人是生物,不是神,不是化石,它们有 8 万年的寿命吗? 如果提高宇宙飞船的飞行速度达到光速,由 0 达到光速需要 6 年加速,光速飞行 4 年,然后再减速还需要 6 年,共计需要 16 年,这会将宜居行星的能源全部用完。

2. 我们的宇宙不适合高速飞行

100 多亿年以来,大质量恒星经过各个层次的核反应,产生了 100 多种化学元素,几亿年到十几亿年就超新星爆发,超新星爆发是恒星分崩离析的爆炸,恒星中心产生的 100 多种化学元素撒向空间,是尘埃的主要成分,是第二代恒星、行星的原料。恒星时代初期,我们的宇宙非常清亮,宇宙大爆炸 7 亿年以后就有了星际尘埃,尘埃物质很快布满全宇宙,使我们的宇宙暗淡了、浑浊了,不适合高速飞行了。

如果我们的宇宙飞船是飞机速度的 1 000 倍,到最邻近的外星人行星上也需要几万年甚至几十万年,我们人类的寿命达不到几万年;如果我们的宇宙飞船的速度达到光速或接近光速,迎面而来的星际尘埃也接近光速,就会把我们的宇宙飞船击出一个对穿的洞。星际尘埃到处都有,平均每 100 米就有一粒,由于星际尘埃的密布,我们的宇宙变得不适合接近光速飞行。看看我们的宇宙是多么的混浊,尘埃

带、尘埃团杂乱无章。前面说过的"先驱者号"宇宙飞船飞行速度才 17 千米/秒,飞行记录显示,每三天就有一次穿透性撞击。光速宇宙飞船飞行几万年以后,将成为马蜂窝,全身都是洞眼。

宇宙飞船是钢铁制造的,都能击出一个对穿的洞,地球人肉眼凡胎,宇航员禁不住高速尘埃的袭击;外星人就是个铁疙瘩,飞行几万年也会有数以万计的洞眼。地球人没有能力改变宇宙的浑浊,外星人行吗? 如果有人说一个外星人在地球上张牙舞爪,无事生非,绑架化验,开着 UFO 到处乱转,你还信吗? 他怎么来的? 说"人定胜天"是宇宙中最大的夸张。

3. 碳基外星人寿命有限

地球是硅基行星,地球生物是碳基生物,最有可塑性的元素是碳和硅,碳元素是组成许多物质的基本元素。恒星中心经过4个氢原子聚变成1个氦原子的反应,3个氦原子聚变成1个碳原子的反应。像太阳那样的恒星质量较小,数量极多,不能引发碳的核聚变,崩溃以后碳成为宇宙的第五大元素,而硅元素名列第七。联合国环境署最新统计,地球上共有870万种生物,都是碳基的,一个硅基生物也没有找到。我们地球人身体中的元素(按质量计算)氧元素占61.4%,碳占22.8%,氢占10%,氮占2.9%,其他元素(如磷等)占2.9%,硅元素极少,如果外星人也是碳基的,寿命有限。

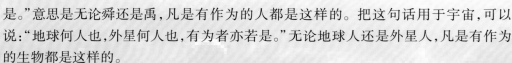

地球动物最高自然寿命为:哺乳动物大象70年;爬行动物龟300年;软体无脊椎动物圆蛤400年;腔肠动物海葵2 000年;海洋中的多孔动物海绵,寿命1万年。一眼就能看出动物界越高级寿命越低。有人说外星人比地球人聪明,我们猜想他们的最高寿命为170年。如此小的寿命是不能进行星际飞行的。

氨基酸从字面来看是氨基的,其实是碳基的(右图,氨基酸分子结构图,黑色为碳)。

孟子说:"舜何人也,禹何人也,有为者亦若是。"意思是无论舜还是禹,凡是有作为的人都是这样的。把这句话用于宇宙,可以说:"地球何人也,外星何人也,有为者亦若是。"无论地球人还是外星人,凡是有作为的生物都是这样的。

美国宇航局开普勒空间望远镜对15.6万颗恒星进行观测,发现地球大小的行星68颗,5颗位于宜居带;288颗比地球大2倍,54颗位于宜居带;这些与地球大小的行星都是硅基的,15.6万颗普通恒星,只有五十几颗可能有外星人,约占万分之四。再聪明的大脑也想不出外星硅基人类是个什么样子。本书作者猜想,外星人也是碳基的、对称的,如果地球870万种生物,有一个是硅基的,也不敢这样猜测。甚至维生素也是碳基的,如维生素K分子式$C_{31}H_{46}O_2$,维生素C分子式$C_6H_8O_6$。

4. 外星人的能源有限

天文学主流理论认为,如果一颗行星有岩石结构,它的直径应该小于地球的1.5倍。换句话说,有外星人的行星的质量最多比地球大1倍,它的能源不会超过地球能源的3倍。有外星人的行星资源有限。格利斯581C正好小于地球直径的1.5倍,温度0~40摄氏度,表面应该最容易形成岩石、湖泊和海洋,高空是蓝色的天,条件比火星还优越,更像我们的地球。这颗很有可能有外星人的行星,资源有限。

一粒10克的子弹头,以光速打在相对静止的铅板上,竟能将10千米厚的铅板击穿。换句话说,把一颗 10 克的子弹头,加速到光速,需要击穿 10 千米厚的铅板的能量。把几千吨的宇宙飞船,加速到 0.9 光速,需要 6 年,减速还需要 6 年。天宫一号用 445 吨燃料,只加速飞行了 580 秒。加速减速 12 年达到光速,需要将地球所有能开采的能源全部用完。

那就要开个玩笑问问联合国,愿意把地球资源用完,飞行几十光年,到距离地球 20.5 光年的格利斯 581C 考察一趟吗?外星人的行星资源最多比地球大 3 倍,外星人愿意飞行几十光年,到距离 20.5 光年的地球玩一趟吗?如果外星人也不愿意,到地球乱转的外星人的 UFO 就是假的了。

新形成的星比 50 亿年以前形成的含铁量要高,超高金属度对宜居行星不是好事。金属丰度过高,引力过大,从原始星云中吸收物质过多,往往类地行星更大、更圆,陆地起伏不大,没有海洋与陆地布局,整个行星被海水淹没。

2011 年 9 月 29 日,天宫一号火箭自身 495 吨,加载 445 吨燃料,加速飞行 580 秒,离地球最远 350 千米,才加速到 8 千米/秒左右。也许人们能估计出加速飞行 6 年,加速到 30 万千米/秒,减速还需要 6 年,飞行距离 8 光年需要多少燃料。

1969 年 7 月 20 日,阿波罗 11 号宇宙飞船抵达月球。阿波罗 11 号起飞重量相当于一艘巡洋舰的重量(3 200 吨),地球到月亮的距离只有 1.3 光秒。然而,我们最近的宜居行星邻居也与我们相距 8.291 光年。也许人们能估计出去拉朗德 21185 的宇宙飞船,往返飞行需要携带多少燃料,起飞重量相当于多少艘巡洋舰的重量。一定有人会说,外星人很聪明,有"时空隧道",一眨眼就能飞几十光年。真是如此吗?

5. 宇宙的时空隧道

1980 年,一艘苏联潜水艇在大西洋的百慕大水域下潜。起初一切正常,突然,潜水艇发生振动,接着又恢复正常。潜水艇艇长为了寻找振动原因,命令紧急浮出水面。从下潜到浮出水面只有几分钟,却发生了巨大变化:从大西洋的百慕大下潜,几分钟以后浮出水面,它的位置竟在印度洋上。领航仪显示,潜水艇在印度洋的非洲中部以东,与百慕大相距 1.3 万千米(按 1 分钟行走 1.3 万千米也只有光速的 0.000 7)。艇长用无线电询问苏联海军总部:领航仪是否有错。海军总部根据无线电定位仪确定,潜水艇在印度洋上,命令立即返航。潜水艇上的 93 名船员头发白了,眼睛花了,面容老了,每位船员竟老了十几岁。

苏联海军总部请 30 多位科学家对潜艇事件进行全面调查,不久,就得到了阿列斯·马苏洛夫博士签署的调查报告。报告说:潜水艇下潜时进入一个"时空隧道的加速管道"(还有减速管道?),从而,潜水艇在"眨眼之间航行了 1.3 万千米"。

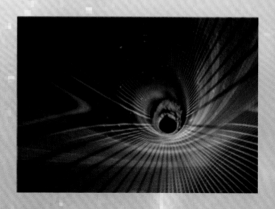

这个故事是有漏洞的：

1. 一分钟行走 1.3 公里也只有光速的 0.0007，按这个速度去距离地球最近的宜居行星（8.291 光年）也需要 2.3 万年。

2. 进入时空隧道后，潜水艇上的 93 名船员头发白了，面容变了，每位船员竟老了十几岁。一分钟就老了十几岁，飞行员到宜居行星岂不要成为化石了。

3. 时空隧道长达几十亿光年（宇宙本身大小是 10^{10} 光年），哪个外星人开凿的？用了多少能源？用了多少时间？外星人不就是个人吗！

1990 年 9 月 9 日，在南美洲委内瑞拉的卡拉加机场控制塔上，人们突然发现一架早已淘汰了的"道格拉斯"型客机飞临机场。机场人员说："这里是委内瑞拉，你们从何处而来？"飞行员惊叫道："天啊！我们是泛美航空公司 914 号班机，由纽约飞往佛罗里达州，怎么会飞到你们这里，误差 2 000 多千米？"

降落后飞行员拿出飞行日记给机场人员看：该机 1955 年 7 月 2 日起飞，时隔 35 年。机场人员吃惊地说："这不可能，你们在编故事吧！"后经电传查证；914 号班机确实在 1955 年 7 月 2 日从纽约起飞，飞往佛罗里达途中失踪，机上的 50 多名乘客全部都赔偿了死亡保险金。

哎呀，时空隧道还有慢速的，去外星旅游可别进错了，从北京起飞，光速飞行 20.5 年，出站的时候，认为已经到宜居行星格利斯 581C 了。一看，刚飞到天津。

时空隧道向数学挑战，向科学挑战，没有一位科学家进入过时空隧道，可有数万人见过外星人的 UFO。

6. 外星人的"不明飞行物"（UFO）

"不明飞行物"（UFO）可分两种，一种是地球人的不明飞行物，如航空器、气流云、物质流、气球等；另一种是外星人的不明飞行物，如外星人的宇宙飞船。

随着时间的推移，相信不明飞行物（UFO）是外星飞船的人不断减少，美国、德国、英国的 UFO 杂志，因为读者大量减少也宣布关门大吉。让人啼笑皆非的是，正当西方各国 UFO 杂志社纷纷关门的时候，不明飞行物（UFO）来到了中国。据报道，中国的某城市召开了 UFO 大会，一名 12 岁的孩子，自称懂得外星人的语言而得到邀请；在太阳的轨道上，有上千个 UFO 在编队飞行，以便地球灭亡时，接地球模特去别的星球……法国的 UFO 书籍从来没有兴旺过，因为法国重视天文知识的普及。

看过很多 UFO 图片，这么个圆东西能达到光速？音障也不能突破，甚至从北京飞不到天津。如果工程师设计团队设计这样一艘飞行器去月球，设计团队会被降级。

智慧文明所能维持的时间相当短暂，

外星人的行星资源十分有限,再聪明的外星人也不能把 10^{10} 光年的浑浊宇宙变得清亮。那么那些外星人宇宙飞船 UFO 是怎么飞来的呢?

开普勒空间望远镜发现的最小的岩质行星在 KOI-961 恒星周围,直径分别是地球的 78%、73% 和 57%,它们都不在宜居带。有智慧生命的星十分罕见,宇宙有 $7×10^{22}$ 颗恒星。其中,5% 的亮星不会有智慧生命,60% 的双星没有行星,10% 的小星不具备培育智慧生命能量。星系的晕里是贫金属星,球状星团里没有行星,星云中的行星经常处在冰河期,超新星 250 光年范围内没有外星人,变星、褐矮星、脉冲星、强磁星都不具备培育智慧生命,只有万分之四的类日恒星、0.4 太阳质量的红矮星才具备培育智慧生命的条件。天气晴朗的夜晚,我们肉眼可以看到 6000 颗星,一半在地平线以下,其中平均只有一颗可能有外星人。全球累计看到的外星人的 UFO 数以万计,附近宜居行星屈指可数,不觉得两者比例严重失调吗?

7. 米切尔博士说外星人来过地球

2008 年 7 月 24 日,美国宇航员埃德加·米切尔博士在英国电视台上说:"我曾在军事和情报圈中工作,有机会了解幕后的事情:外星人曾经来过地球,并且还访问过美国的罗斯维尔市,包括美国在内的多国政府,为了不使民众恐慌,决定加以掩饰……"美国宇航员埃德加·米切尔博士 1931 年出生,1971 年乘阿波罗 14 号宇宙飞船成功登陆月球,并在月球表面行走 9 小时 17 分钟,是在月球上走得时间最长的人。他曾经获得航空工程专业的学士、航空航天专业的博士学位。

阿波罗 14 号登月画面

阿波罗 14 号返回舱

想象中的米切尔博士与外星人

不久,美国宇航局发表声明:"……美国宇航局没有真正发现过不明飞行物,也没有对是否有外星人访问过地球或发现外星人进行过隐瞒……米切尔博士是优秀的美

国人,但在这个问题上我们与他的看法不同。"

米切尔博士说,月球改变了他的信仰,"回来后,我发现自己过去的全部信仰全变了。30 年前,我认为地球人是宇宙间唯一的生物,现在我不这么看了"。埃德加·米切尔说:从月球返回地球的途中,一直有一种被某种东西注视的奇怪感觉,感到自己和宇宙中的智能生命产生了一种心灵的接触。1972 年,埃德加·米切尔博士从美国航天局退役,在加利福尼亚州成立了一个"抽象科学协会"。米切尔博士由现实科学过渡到人们喜爱的抽象科学。

8. 发射宇宙飞船寻找外星人

1972 年,美国发射"先驱者 10 号"探测器;1973 年,美国发射"先驱者 11 号"探测器。这是人类第一次飞出太阳系的探测器,是一去不复返的探测器,向外星人报告地球人的确切位置。美国发射"先驱者号"探测器,携带一块长 22.9 厘米、宽 15.2 厘米、厚 1.27 厘米镀金的金属板,金属板上刻着一封"信",信不是用文字写的,而是一篇精美的图案。这块金属板经过现代先进技术处理,10 亿年也不会变质,也不会褪色。1977 年美国又发射"旅行者 1 号"和"旅行者 2 号"星际宇宙飞船寻找外星人。

"先驱者号"携带的印在金属板上的"地球信息图形",是美国著名天文学家萨根和德勒克设计的。设计如此美妙,外星人一旦得到这张图,就会知道地球人的模样、太阳和地球的确切位置,然后就可以用无线电波向我们发送信息和图像。这样,两个星球就可以用播放图像的形式互相交流,就像看电视一样;用专门频道播送外星人的社会,就像看"动物世界"那样。

信发出去了,"先驱者号"探测器就是邮递员,它是以不足 20 千米/秒的速度去投递的。这么低的速度在太空漫游,需要 6.4 万年才能到达我们的第一邻居半人马 α星,而邻居家又是三联星,邻居家还没有外星人,所以也没有对准它。"先驱者号"继续往前运行,再过几十万年,甚至几千万年,也许会被外星人得到。

说一段星空笑话给大家听:

事件发生在公元 1271972 年 10 月,美国在公元 1972 年发射的"先驱者 10 号"探测器,以 20 千米/秒的速度,经过 127 万年飞行,到达了狮子座的狮子 α 附近。狮子 α离地球 85 光年,那里有一颗外星人居住的行星叫作"宙斯星"。

"先驱者 10 号"在"宙斯星"上空飞行。"宙斯星"上的科学家发现了它,他们用望远镜仔细观察,发现了这颗"不明飞行物",上面有抛物面天线和一个长方形的盒形计算机。他们断定这是一颗真正的不明飞行物"UFO"。

"宙斯星"上的科学家们驾驶航天飞机向"先驱者 10 号"靠近,发现在"先驱者 10号"壳体上有三个字符 USA(美国),他们不知这三个字符代表什么,他们警惕的是"太空武器"或者是"星际炸弹"。当外星人的航天飞机与"先驱者 10 号"相距十几米的时候,科学家们打开航天飞机上的探测仪器,认定没有危险,就果断地伸出机械臂,将"先驱者 10 号"抓住,安全降落在"宙斯星"上。

科学家们打开"先驱者10号"的舱门,看到了印有地球人模样的金属板,立即引起一片欢呼。他们说:"地球人太漂亮了,他(她)匀称的身材,简直像模特一样。""宇宙中地球人是再美丽不过了。""没见过这么完美的老外(他们称呼外星人是老外)。"

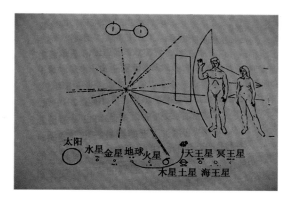

"地球人是由什么样的生物进化来的呢?"也许大家要问,宙斯人是什么模样?也许像"绿螃蟹",身材矮小,皮肤绿色,靠光合作用维持生命。这群"绿螃蟹"看到金属板的左上角两个小圆圈是氢原子的质子和电子,它们之间的横线是21厘米氢的谱线波长,外星人利用这个尺度,量出图中的地球人高度,男人180厘米,女人164厘米。

左边,有著名的14颗脉冲星的辐射线,辐射线的方向是太阳的方向,辐射线的长度是太阳到脉冲星的距离,脉冲星的频率用二进制表示在射线上。最长的一条线,表示出太阳到银河系中心的距离。宙斯星的科学家们根据金属板上标明的每颗脉冲星发射脉冲的时间间隔衰减比例,计算出"先驱者10号"的发射时间。根据14颗脉冲星的相对位置,确定太阳在银河系的猎户臂附近。

这群"绿螃蟹"还看到,左边的大圆是太阳,太阳的右侧是九大行星,行星下面的符号是二进制的数字,代表它们到太阳的距离。从地球到木星的一条射线,表示"先驱者号"是从地球发射,借助木星引力加速的。

根据"先驱者10号"的运行速度和发射时间,计算出宙斯星到地球的距离是85光年。利用这些数字,他们用先进的太空望远镜,找到了太阳和它的第三颗行星地球。"宙斯星"上的科学家用无线电波向地球发出第一条信息:"请将美丽的、身材秀丽的地球人的进化史发给我们。"

又过了170万年(地球到狮子α的距离是85光年),"宙斯星"收到地球人发来的、让科学家们愕然的、无线电波携带的地球人进化的图像,让宙斯星科学家们愕然的是:127万年以后的地球人,像恐龙那样"害了肥胖症",秀雅的身材不见了。他们认为"地球人的进化不彻底"。

发射30千米/秒的宇宙飞船寻找外星人,如同老牛拉慢车不可取,我们的宇宙实在是太大了,我们的地球人后代没有耐心等待外星人的回复。

9. 发给外星人的电讯

1974 年 11 月 16 日,地球上最大的射电望远镜"阿列希博号射电望远镜"向外星人发出一份电讯,电波的有效能量是地球电力总功率的 20 倍,使用了 1679 个编码符号。发给外星人电报图示的大意如下:

我们是这样从 1 数到 10 的……元素氢、碳、氮、氧、磷的排列是很有趣的……地球人的 DNA 分子是一个双螺旋体,地球人的身高是 14 个波长,生活在太阳系的第三个星球上的地球人有 40 亿……太阳系有 9 个行星,地球外侧有 4 个大的,最外面的一个是小的……这份电讯是 2430 个波长的射电望远镜发射的,它能收到你们的回电。

电报图示上的氢、碳、氮、氧、磷是地球上人类生命的五大基本元素。

1974 年 11 月 16 日,地球上最大的射电望远镜"阿列希博号射电望远镜"向外星人发出电讯的方向是 M13,电波的有效能量是地球电力总功率的 20 倍,电讯波束的有效功率是前所未有的,在正对着波束的方向上,3 分钟发射的能量是太阳在这个方向上的 1000 万倍。

天文学家德瑞克博士说:"在发射 3 分钟的时间内,我们地球是银河系里最亮的超新星。"至少有几百万个星体能收到这封强大的电讯。外星人会回电吗?

知名的科学家霍金警告说:如果外星人收到人类发出的"联络信号"并按图找到地球,那对人类可能意味着灭顶之灾。"我们只需看看自己,就能知道外星智能生命会如何发展到无法自给自足的地步了。"

用电讯的方法寻找外星人是唯一的方法,我们的宇宙很大,电波能达到光速,也是我们的宇宙能够达到的最高速度。

10. 外星人的"回电"

2003 年 2 月,设在波多黎各巨大的阿列希博号射电望远镜瞄向太空 200 个区域,搜索外星人的地外文明(SETI)。这个项目与世界范围内几百万台电脑相连,来筛选射电望远镜收到的信

M13

号。负责这项工作的天文学家们收到了很多"不明神秘电波"。不明神秘电波不但神秘莫测,而且令人费解、令人怀疑。

1982 年好莱坞上演电影《外星人》轰动全世界。《外星人》影片导演拿出 10 万美元,支持 SETI 组织寻找外星人(中国导演可不吃这个亏)。SETI 利用这些资金组织全世界 200 万人进行无线电监听外星人发来的信息。从 12 岁的小学生到知名的科学家,利用 SETI 的软件,用自家电脑和因特网连接,接收外星人发来的信号。巧合的是,阿列希博号射电望远镜向外星人发出电讯的方向是 M13,收到不明神秘信号的方向也是来自 M13 星系附近天区。

在银河系已经发现类似太阳的恒星 14 万颗,我们知道它们的确切位置(包括红矮星,太阳的 68 个邻居中,红矮星占 73.5%)。智慧生命发射信号可能使用的频率应该是 1 420 兆赫、波长 21 厘米。21 厘米电波是冷氢原子发射出的无线电辐射的波长,宇宙中氢原子普遍存在,21 厘米波长的无线电波也普遍存在,这是一种大自然给出的标准波长。外星的智慧生命会首选 21 厘米波长。这样,我们就可以对准方向,按标准频率和波长发射和接收信号了。

早先,挪威教授史托马收到波长 31.4 米的不明信号,每隔 3 秒出现一次,极有规律,被认为信号来自外星人。史托马教授回电,仍用 31.4 波长,连续发送 15 天没有回音;第 16 天每隔 3 秒出现一次的信号又在发射,美国科学家和法国考察船都收到同样的信号,从而轰动科学界。苏格兰天文学家罗伦宣布,他破译了这一信号:内容是"牧夫座一星球宇宙飞船正在环绕太阳系飞行"。没有人能证明罗伦的破译是准确的。

11. 最有可能来自外星人的信号

地外文明中心收到的"哇"信号是迄今最有可能来自外星人的信号。"哇"信号长达 72 秒,没有人能够破译;就是真的有人破译了,人们也不会相信。

"哇"信号可能来自 M13 星系方向的距离太阳 200 光年的一颗星球,是外星人 200 年以前发射的信号,地球人的回电也要经过 200 年外星人才能收到。400 年过去了,外星人也许经过了几代人,早已忘得一干二净了。"哇"信号的红字与圈是天文学家

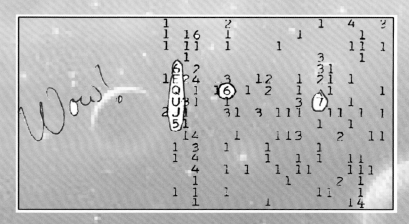

杰里·伊曼所画。

诸葛亮的《隆中对》提到天时、地利、人和,可把这个观点移到宜居行星。

银河系与其他星系比较时,发现银河系比其他活动的星系安静得多;把太阳与其他类日恒星(如天苑四)比较时,太阳是十分稳定的;根据 RECONS(近距恒星调查协会)统计,10 秒差距(32.6 光年)范围内的 348 颗恒星中 239 颗是温和的红矮星,一颗 O 型星也没有,也没有即将超新星爆发的恒星。地球人占了天时。

地球表面 71% 是海洋,地球人拥有 870 万种生物,大气氮 77%,氧 21%,有臭氧层保护。月亮是地球的第八大州,它稳定地球的自转轴,使地球不会造成剧烈的气象变化。查阅十几个宜居行星,没有发现一个有月亮的。地球人占了地利。

两次世界大战以后组成联合国,常任理事国都是核大国,提倡"新型大国关系",推进合作共赢和为贵,相信不会再发生第三次世界大战,不会发生像假说中的"法厄同"行星那样的原子战争,引发海洋里的氢核反应被摧毁。地球人也占了人和。

查阅十几个宜居行星,哪个与地球相比都逊色;查阅几十个类日恒星,哪个与太阳相比都逊色。主流观点认为,外星人只在这两种星之中。银河系只发现类日恒星 14 万颗,银河系是由 2 000 亿颗恒星组成,就有 1 300 亿颗红矮星,红矮星的亮度只有太阳的 1/50,质量只有太阳的 1/3,温度只有 3 000 摄氏度左右,是比太阳更暗、更小、更冷的恒星。说外星人智慧、聪明、发达的可能性是非常小的,原因是至少有几百万个星体能收到地球人发出的、有效能量是地球电力总功率 20 倍的、发给外星人呼唤电讯,却没有一个严肃认真回复的。

真可谓:鸟儿(地球人)知道鱼在水,鱼儿(外星人)不知鸟在林,无论鸟儿唱的多么婉转嘹亮(发出呼唤电讯),鱼儿还没有长出听觉器官呢。那些外星人的 UFO、超光速的宇宙飞船、时空隧道、时光倒流,都是地球上那些聪明的人儿编造的。

12. 宜居行星上的生物从哪里来

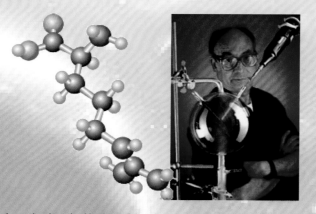

宜居行星从原始行星盘那里继承了水(H_2O)、氨(NH_3)、甲烷(CH_4)、二氧化碳(CO_2)等物质,有的还继承了有机分子(如英仙座星云里有机分子蒽和萘,即芦荟的主要成分),从宿主恒星那里得到合适的温度,得到紫外线照射,在宜居行星早期海洋里形成氨基酸($H_2N—C—COOH$)。氨基酸(左上图为氨基酸分子结构图,由氢、碳、氮、氧构成。氢、碳、氮、氧、磷是地球人生命五大基本元素)是蛋白质的基本组成单位,是生物体的组元,是生命的种子。

生物化学家米勒(Stanley Lloyd Miller,1930 年 3 月 7 日至 2007 年 5 月 20 日,右上

图)的实验证实,能把无生命的化合物转化成有生命因素的氨基酸。但是,他的寿命只有 77 岁,没有时间将氨基酸转化成生物,宜居行星的寿命可达 100 亿年(地球已经46 亿年了),红矮星的宜居行星寿命可达 1 000 亿年,宜居行星有时间将氨基酸转化成生物。

氨基酸在宜居行星早期海洋里凝聚成块,经过漫长的岁月和自然淘汰选择,这些最基本的分子出现"自我复制"现象。

氨基酸经过"缩合反应",两个或两个以上有机分子相互作用后结合成一个大分子,出现一种结构更加复杂的"叶绿素"大分子,它们能够进行"光合作用",利用宿主恒星的光,吸收二氧化碳和水,产生葡萄糖($C_6H_{12}O_6$),放出氧气。缩合反应使宜居行星生物多样化,多细胞生物大发展,植物出现了,后来动物也出现了……

资料显示,人马座 HR4791A 恒星年龄只有 800 万年,有一个行星盘,那里的行星正在形成,就发现有机含碳分子。船尾座的葫芦星云有臭蛋气味含硫的有机化合物。巨蛇座的一片尘埃带中发现含氢和碳的有机化合物"多环芳烃"。人马座 B2 分子云中发现甜味碳水化合物二醇醛。那里的生物种子在发芽。

氨基酸有很多种,常见的有丙氨酸、精氨酸、天冬氨酸、谷氨酸、甘氨酸、赖氨酸、蛋氨酸、色氨酸、酪氨酸等,已知的就有 200 多种。这些都是在生物体内可水解的。两个或两个以上有机分子相互作用后结合成一个生物新品种。可以想象,宜居行星的生物是多种多样的,可能到处爬满了生物。联合国环境署最新统计,地球上共有 870 万种生物。

结论是宜居行星上的生物不是外来的,是宜居行星以及它的行星盘自己创造的。

地球是我们最贴身的宜居行星,870 万种生物也是我们最贴身的生物,地球人就是我们。笔者写的《星空十大奇迹》阐述了地球人的进化史,这里不再赘叙。这些生物都来源于地球本身。有人说地球生物来源于彗星(陨星是经过燃烧过的);有人说地球人来源于外星人;最恶心的说法是外星人与地球动物杂交才生出地球人来……

13. 智慧文明所能维持的时间相当短暂

对十几个宜居行星包括开普勒-22b、开普勒-61b、开普勒-62e、开普勒-62f、HD40307g、天仓五 f 星、格利斯 667C、格利斯 581C、格利斯 581g、格利斯 163b、地球等分析认为:

(1)所有的宜居行星都是硅基行星,有岩质山脉、高原(右图为红矮星的宜居行星)。

(2)宇宙第一大元素是氢,第二大元素是氦,第三大元素是氧,第四大元素是

氮,第五大元素是碳,有大量的氢和氧,有宿主恒星发出的紫外线,宜居行星不缺少水,也不缺少二氧化碳。

(3)宜居行星有二氧化碳产生的温室效应,使宜居行星温度在0～40℃。

(4)所有的宜居行星直径都在地球的1.5倍左右,质量是地球的0.8～5倍(通常认为火星也在宜居带,但火星的直径是地球的0.53,它的质量是地球的0.11,不宜居)。

(5)由于宜居行星有宿主恒星发出的光、有水、有二氧化碳,宜居行星都有植物,绿色植物在阳光下吸收二氧化碳和水,产生淀粉放出氧气,这是宇宙中最高级的安排。绿色植物吸收最廉价的光、水和二氧化碳,制造出最宝贵的淀粉、蛋白质、脂肪、糖以及氧气,有植物,有氧气动物就会出现。

根据宜居行星以上的特点,就有以下的推理:

(1)既然宜居行星有山有水,就有陆地和海洋的布局,海洋能吸收空气中的二氧化碳,海洋水分的蒸发在陆地上形成雨,雨水溶解陆地上的钙,通过河流注入海洋,与海洋中的二氧化碳形成碳酸钙沉淀到海底,使海洋有能力再吸收新的二氧化碳,这样的良性循环造就了外星人的智慧文明。无奈苍天的安排却被智慧文明打破,人类的活动产生大量的二氧化碳,海洋酸化,大气二氧化碳增加产生温室效应,使宜居行星温度提高,由温暖变成炎热,气候变得异常,如果不够节制,宜居行星就不宜居了。

(2)宜居行星的温度提高,使两极永久冻土层部分融化,释放出原始的甲烷、乙炔,甲烷、乙炔的温室效应是二氧化碳的10倍,它们会为宜居行星增温推波助澜。

(3)我们只需看看我们自己,联合国政府间气候变化专门委员会一份报告预测称:本世纪地球温度将上升2℃到6℃,"人类如何迎接气候变暖4℃的地球"。地球目前平均温度为14.6℃,上升30%～40%。

(4)地球上次大规模升温在6 500万年前,是太阳造成的,干旱、河水断流,海洋酸化,海洋生物大量死亡,陆地植物干枯,形成一片片大沙漠。如果本世纪地球平均温度再上升6℃,是地球人燃烧煤炭、石油、砍伐森林自己造成的,地球将会重蹈覆辙。

(5)地球整体平均温度上升6℃(大气二氧化碳浓度百万分之五百五十),海平面上升80米,数以万计的沿海城市都成了"亚特兰蒂斯"。能够居住的地区只有西伯利亚、加拿大、南极等地。美国宇航局科学家詹姆斯·拉夫洛克说:"本世纪末,地球上只有几个地方可以居住,绝对无法支持现在这样庞大的人口,最后幸存下来的将不会超过10亿人。"话外音:其他人哪儿去了?人类还有精力驾驶UFO到别的星球去考察吗?

(6)前苏联天文学家F.赛格尔博士认为,"法厄同"行星(太阳系小行星带的前期星)是"法厄同人"的原子战争引发海洋里的氢核反应被摧毁的。

(7)相信联合国气候变化会议就温室气体减排目标达成进一步的共识,否则人们就会认为联合国不作为。如果地球人是真正的智慧人类,对自己行为有所节制,不提倡高消费,地球文明还能维持几万年。

十八、宇宙大结局

1. 巨大的恒星坍缩成黑洞

宇宙已经 137 亿年了,那些光谱型 O、A 和 B 型巨大热星很快爆炸,喷射物质、星核坍缩,形成恒星级黑洞。编号 GRS1915 + 105 恒星级黑洞自转非常迅速,它的高速自转导致周围物质的旋转,形成一个强大无比的引力旋涡,这就是黑洞的吸积盘。天文学家们估计,宇宙恒星级黑洞有 10^9 个之多。

在 NGC300 旋涡星系的旋臂上,发现了一个 20 倍太阳质量的黑洞。它正在和一颗同样为 20 倍太阳质量的沃尔夫-拉叶星相互旋转,周期 32 小时。据统计,大于 20 倍太阳质量的黑洞只发现了 3 个,银河系 22 个恒星级黑洞最大的也只有 10 倍太阳质量。

后发座的旋涡星系 M100 有两个巨大的旋臂,在一个旋臂下方有一个超新星遗迹 SN1979C,遗迹中心有一个稳定的 X 射线源,这就是一个刚诞生不久的黑洞,它被天文学家们誉为最年轻的黑洞。

M100 星系中的黑洞

巨大恒星中心坍缩成黑洞

2007 年 10 月 17 日,美国天文学家在 M33 星系中发现一个巨大的恒星级黑洞,有 15.7 倍太阳质量,与它的伴星绕转,周期 3.5 天,被命名为 M33X-7。伴星非常臃肿,有 70 倍太阳质量。据推测,由于恒星的质量越大寿命越短,而 70 倍太阳质量的伴星还在,黑洞前期恒星至少有 80 倍太阳质量。超新星爆发以后的星核才会有 15.7 倍太阳质量。

英国剑桥大学的天文学家们发现一个更大的恒星级黑洞,质量至少有太阳的 24 倍,位于天鹅座的一个矮星系中,距离太阳 180 万光年。

最远的黑洞在半人马 A,距离太阳 1 200 万光年,是迄今探测到的最远的恒星级黑洞。尽管如此,我们仍然坚信,恒星级黑洞无处不在。

第一代大质量恒星疯狂地消耗核心中的燃料,制造出多种化学元素,不久就超新星爆发了。超新星爆发将恒星外围的物质以及新制造出来的化学元素抛向空间,形成第二代恒星。超新星爆发以后恒星核心的物质猛烈收缩、坍缩,直接坍缩成黑洞(恒星核心小于 3.2 倍太阳质量的形成中子星)。所以,黑洞、新恒星遍布太空,在万有引力的作用下,数以亿计的恒星靠拢形成星系,数以亿计的恒星级黑洞并合,形成星系级黑洞。

有的科学家认为,宇宙中不存在黑洞。黑洞的性质与量子力学相违背,物质一旦落入黑洞,该物质的信息永远消失了。量子力学认为,物质的信息绝对不会在宇宙中消失。再聪明的大脑也没有想出黑洞的物质是怎样排列的。本书认为夸克星有可能取代黑洞。夸克星是由物质最基本的粒子组成的。一粒夸克的质量是 3.7×10^{-30} 千克,与电子质量相当。或者说,黑洞物质是由夸克和轻子组成的。

2. 星系级黑洞撕裂恒星

银河系中心有个大质量黑洞人马座 A(SgrA),是 64 亿太阳质量的星系级黑洞,从那里发出强大的 X 射线闪烁,那是这个黑洞正在一小口、一小口地吞食物质。银河系在上百亿年的时间里,中心黑洞已经极大地吞噬掉它中心的物质而处在饥饿状态,而它的吸积盘以外有非常密集的物质却没有动。

英仙座 NGC1277 星系是一座宇宙早期的星系,距离地球 2.5 亿光年,星系中心有一座 170 亿倍太阳质量的超级大黑洞。椭圆星系 Arp147 中心有一座 200 亿倍太阳质量的巨大黑洞。

由于宇宙在膨胀,120 亿年以前,宇宙空间只有现在的 10%,而宇宙中的物质几乎与现在的相同,统统都挤在那个狭小的空间。由于物质十分密集,宇宙中形成大量太阳质量 100 倍以上的大质量恒星。这些恒星几乎同时形成,此后组成星系。有些星系由 30 亿颗至 50 亿颗大质量恒星组成,此后就大规模、陆续超新星爆发了,星核坍缩形成恒星级小黑洞。几十亿个小黑洞在引力的作用下向星系中心运动,经过并合形成星系中心大黑洞。星系中心黑洞形成于宇宙早期,从那以后便很少发生。

星系中心大黑洞形成以后,还经过小规模壮大。人们早些时候认为,星系级黑洞的胃口那么好,消化力那样强,吞噬的物质无影无踪,随着时间的流失,最终会吞噬掉整个大星系。通过对银河系核心黑洞的了解,我们知道古老的大星系不会被黑洞吞噬掉,黑洞们只是在星系中心"守株待兔"。

果然,人们真的看到有一只"兔儿"跳进了黑洞。2004 年 2 月 18 日,美国航天局宣布,两颗人造卫星发回的数据证明,宇宙中的一个巨大黑洞撕裂了一颗恒星,并吸入了该星球的一小部分。这个恒星的质量与太阳相当,它和另外一颗恒星近距离相遇以后,偏离了原先的轨道,运行到离黑洞非常近的空间。在黑洞的强大引力下,它被拉伸变形,被引力撕裂,爆发出极其强烈的 X 射线,并被黑洞吸入了该星球的一小部分,其余的被抛离黑洞,围绕黑洞的吸积盘旋转,供黑洞以后慢慢享用。这个黑洞离地球 7 亿光年,它的位置在 RXJ1242-1119 星系的中心。

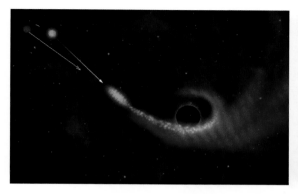

亲眼看到恒星跳进黑洞

想象中的星系级黑洞

　　2006 年 1 月 6 日人们又看到一颗"恒星"跳进黑洞,位置就在我们的大邻居仙女座星系中心。仙女座星系黑洞与银河系黑洞一样,在上百亿年的时间里,中心黑洞已经极大地吞噬掉了它中心的物质而处在安静状态。突然,它于 2006 年 1 月 6 日 X 射线大爆发,在短时间内 X 射线猛增 100 倍,爆发以后又平静下来,但比起 2006 年以前 X 射线还是增大了 10 倍。这是为什么呢?那是一颗恒星运行到离黑洞非常近的空间,在黑洞的强大引力下被黑洞吸入了该星球的 10%。饥饿的黑洞猛吃一顿,X 射线猛增 100 倍;恒星的其余物质被抛离黑洞,形成的热气体围绕着黑洞的吸积盘。吸积盘上的物质变浓变厚,吸积盘物质陆续不断地落向黑洞,所以它比 2006 年的 X 射线还亮 10 倍。

　　2011 年 3 月 28 日,天文学家们又看到五颗恒星陆续跳进黑洞,位置在天龙座一个小星系的中心,被命名为 GRB110328A。它们在三天的时间里五次增亮,五次 γ 射线、X 射线爆发。这个五联星从此消失了。

　　NGC4395 星系离地球 1400 万光年,是一个发育不健全的星系,尽管如此,在它的中心仍然有一个星系级黑洞。NGC4449 星系是一个很古怪的星系,它的中心不像其他星系那样有一个球状的核,而是由一些松散的恒星组成的中心,中心有一个质量只有 30 万至 40 万倍太阳质量的黑洞,外围有一个巨大的晕。通常,星系级黑洞的质量大都在 300 万到 200 亿倍太阳质量,30 万倍太阳质量的星系级黑洞是比较少见的。这个黑洞质量小,引力也小,造成了它的古怪松散状态。这样的黑洞虽然也称为

星系级黑洞,但它是最小的。

3. 中型黑洞在哪里

不难看出,恒星级黑洞最大的有24倍太阳质量,星系级黑洞最小的有30万倍太阳质量,几百、几千、几万倍太阳质量的中型黑洞怎么没有?

宇宙初期空间狭小,物质密集,星系中大质量恒星层出不穷,密密麻麻。不久,这些大质量恒星超新星大爆发,形成数以亿计的恒星级黑洞,其中一小部分超新星核心不足3.2倍太阳质量,形成了中子星,在引力的作用下向星系中心运动,经过并合形成星系级黑洞。星系级黑洞饱食终日,由小变大,由瘦变胖,其中包括几万倍太阳质量的中型黑洞也成长成大黑洞,如椭圆星系Arp147有一座200亿倍太阳质量的黑洞,NGC1277星系有170亿倍太阳质量的黑洞,狮子座NGC3842、后发座NGC4889中心都有大质量的黑洞。

宇宙初期星系之间的距离很小,各个星系川流不息地运动,星系之间的引力错综复杂,拉拉扯扯不可避免。一些中、小星系连同它们的中型黑洞,被吞并,被分割,被剥离,生存难以为继,大部分被吞并。侥幸存活下来的中型黑洞寥寥无几。

科学家们近年发现了一个中等质量黑洞,编号HLX-1,质量约为2万个太阳。它位于ESO243-49星系的外缘,离地球约2.9亿光年。HLX-1的黑洞是某个矮星系的中心黑洞,矮星系的大部分恒星外围都在与主星系的近距离相遇中被剥离了,形成了一个孤零零的、裸露的、无法再成长的中型质量黑洞。

宇宙初期的星系中心都有星系级黑洞。由于宇宙大膨胀,物质变得稀疏,大质量恒星难以形成,而近期诞生的第二代星系中心却没有黑洞,如M110、麦哲伦星系、NGC185星系。我们的结论是:星系中心黑洞形成于宇宙早期,从那以后便很少发生。

钱德拉X射线天文望远镜最近发现,距离我们4亿光年的NGC6240星系(右图)的核心有两个星系级黑洞,它们相距3 000光年。两个黑洞不断靠近,几亿年以后就会整合成一个大黑洞。为什么有两个黑洞呢?仔细观察发现,这个星系中的新恒星正在迅速形成,星系中的气体和尘埃带杂乱无章,星系的外围还有尾巴状的结构,这无疑是两个星系碰撞的结果。照片中的两个亮点是两个星系的核心,两个星系都有一个星系级黑洞。

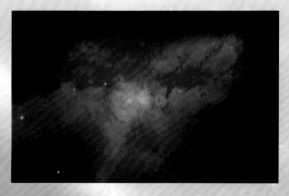

4. 每年吃掉15个太阳的"巨型黑洞"

星系级黑洞有像银河系那样的,已经极大地吞食掉中心的物质而处在饥饿状态的黑洞；有像圆规星系那样剧烈活跃的，每年至少吞噬15个太阳（质量），正在吸积着物质的非常活跃的巨型黑洞。

天文学家们对河外星系与银河系比较时，发现银河系中心比其他活跃的星系中心安静得多，把那些剧烈活跃的星系核心叫作AGN（Active Galaxy Nucleus）。AGN每秒辐射的能量X射线波段能量和射电波段能量是银河系的几十万倍。

比较著名的AGN要属圆规座的圆规星系，从照片上可以看到它的核心非常明亮，黑洞吃"太阳"的事件经常发生。距离地球1 500万光年。剧烈活跃的星系核心AGN为什么如此活跃呢？

剧烈活跃的星系核心都有一个大质量的黑洞，黑洞的质量一般是太阳质量的100亿倍，超大质量黑洞竟然是太阳质量的200亿倍。在大质量的黑洞吸积物质的过程中，当物质落入黑洞时，物质围绕黑洞旋转，"摩擦"失去角动量，产生巨大热量。计算显示，只要每年有15倍太阳质量的物质落入黑洞，落入黑洞质量的10%转换成能量，就能提供我们观测到的剧烈活跃的星系核心的能量辐射。换句话说，剧烈活跃的星系核心的黑洞，每年需吃掉15倍太阳质量。美国宇航局发布的宇宙图片显示黑洞吞噬恒星的过程。图片中的黑洞将一颗接近它的恒星瞬间撕碎，变成等离子体后像吞食面条那样将其吞噬。

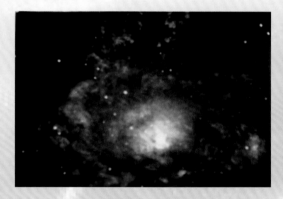

圆规座圆规星系　　　　　　　　美国宇航局发布的黑洞吞噬恒星的过程

剧烈活动星系核物质密度非常高，活动非常剧烈，新恒星在那里不能形成。因为恒星的形成是通过吸积周围的低温气体而形成的，而活动星系核中心有一个大黑洞，黑洞把物质转变成强大的紫外线辐射出来，紫外线把星系核附近的氢与氦的外层电子剥离，这个剥离过程使氢和氦的温度升高到2.2万摄氏度。如此高的温度抑制了气体引力的坍缩，故不能形成新恒星。

剧烈活跃的星系核心AGN竟然发射宇宙射线。1938年，法国物理学家皮埃尔·沃格尔发现高能宇宙射线，但宇宙射线的源头没有确定；2007年，沃格尔天文台发现了宇宙射线的源头是剧烈活跃的星系核心。当宇宙射线与地球上的大气分子碰撞时，会触发一系列连锁反应，生成数以亿计的二级粒子。这些粒子如果从大气进入水中，产生激波，引发闪光，其能量非常大。宇宙射线主要是由质子、氦核、铁核等裸原子核组成的高能粒子流,速度接近光速。

地球有臭氧层,有大气,地球上每一平方千米、每个世纪只有一个高能宇宙射线粒子来到地球。地球表面积 5.1×10^8 平方千米,每年有 500 万宇宙射线粒子轰击地球,这对地球变暖、白血病、癌症是否有影响是一个研究课题。

有剧烈活动星系核的星系约占全部星系的 2% ,被认证的就有 10 万个,比较著名的有 NGC1068、NGC1358、MRK335、MRK1157 等。主流理论认为,活动星系核有一个"巨大星系级黑洞",质量有数以百亿计的太阳质量,它的物理模型是黑洞 + 吸积盘 + 喷流,认为所有剧烈活动星系核都是一致的,观测到的不同是因为观测方位的不同,如只观测到活动星系的侧面或正面,甚至只观测到它的强大喷流。

Abell 星系中心的活动星系核

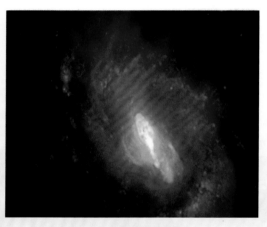
NGC1068 活动星系

5. 宇宙将变成一个特大黑洞(恒星时代大结局)

137 亿年以前,宇宙发生了大爆炸,这是人们能够想象的最大的爆炸。从此,宇宙由黑暗变成了光明,宇宙空间迅速膨胀,宇宙中的重大事件一幕一幕上演,宇宙中千姿百态的天体一座一座展现。

宇宙大爆炸时温度达到 100 亿摄氏度,热得足以使每个区域都能发生核反应,宇宙由一个灼热的辐射火球填充。随着时间的推移,温度很快降低。当温度下降到 10 亿摄氏度时,化学元素开始形成,宇宙大爆炸产生的化学元素只有氢、氦和锂,大量的氢,少量的氦,极少的锂。温度下降到 100 万摄氏度时,形成这三种化学元素的过程结束。这时,我们的宇宙非常清亮。

宇宙大爆炸发生在 137 亿年以前,我们现在仍然能够感受到宇宙大爆炸的信息:如果我们打开电视机,调到电视节目频道之外的空白频段,就会看到跳动的白点,就会听到吱吱的声音,这里就有宇宙大爆炸向我们播送的节目——微波背景辐射。微波背景辐射是近代天文学四大发现之一(另三个是类星体、脉冲星和星际分子),曾得两次诺贝尔奖。大爆炸 4 亿年后,微波背景辐射降到 28.8K,随着宇宙不断膨胀,数值不断减小。目前,微波背景辐射峰值为 2.725K。

由于宇宙大膨胀,物质十分密集,形成大量的星系,星系中有众多的大质量恒星纷纷诞生,这就是著名的"星爆事件"。小星系中第一代大质量恒星几乎同时形成,大规模超新星爆发在此后的几千万年里,由于质量不同而陆续超新星爆发。一颗超新星的亮度可达到 120 亿个太阳。宇宙中几百亿颗超新星一起爆发,我们的宇宙十分明亮。大质量恒星产生的 100 多种化学元素撒向空间,形成尘埃。不久,我们的宇宙浑浊了、暗淡了。

随着时间的推移,宇宙有了巨大的天体物质、庞大的空间、漫长的时间,后来甚至有了各种生物和有思维能力的智慧人类。

宇宙既然有一个轰轰烈烈的开始,也应该有一个气势磅礴的结局:

大约 1000 万亿年以后,宇宙将停止膨胀并开始收缩。

10^{31} 年以后,宇宙将收缩成一个特大黑洞。

10^{106} 年以后,巨型黑洞蒸发成电子和光子,那时,宇宙才算最后消亡。这是天文学家丁·伊思兰揣测的"宇宙的最终命运"。

宇宙的质量是 10^{23} 倍太阳质量,宇宙目前的大小是 10^{10} 光年,宇宙的引力参数达到 17。如此之大的引力参数,宇宙不会永远膨胀下去。中国作家吴承恩笔下的最高速度是孙悟空的筋斗云,一个筋斗十万八千里,按每秒一个筋斗,合每秒 5 400 千米,也只有 0.18 光速。有天文学家预测宇宙的膨胀速度将来会达到光速,这是吴承恩始料不及的。

一颗重 10 克的子弹头,以光速打在相对静止的铅板上,竟能将 10 千米厚的铅板击穿。换句话说,把一粒 10 克的物质加速到光速,需要击穿 10 千米厚的铅板的能量。一座 10^{23} 太阳质量的宇宙,加速到光速所需要的能量,是宇宙暗能量的几十倍。我们的宇宙没有这么多能量。

宇宙的膨胀说明过去的宇宙比今天的宇宙占有更小的空间,过去的星系比今天的星系更加靠拢。我们可以一直追溯到它们刚刚诞生的那一刻,那就是宇宙大爆炸不久的那一刻。宇宙的膨胀说明物质间的引力不断减小,而暗能量也不断地被消耗。

暗能量是推动宇宙膨胀的斥力,可见物质和暗物质是阻止膨胀的引力。我们的宇宙十分和谐:如果没有暗能量使宇宙膨胀,我们的宇宙将是个侏儒;如果没有可见物质和暗物质阻止膨胀的引力,我们的宇宙将是个无限高大的虚胖巨人。那就失去了和谐!看看银河系,看看仙女座,看看室女座星系团,它们多么和谐,宇宙也与它们一样和谐。宇宙的引力参数达到 17,暗能量消耗到一定比例,宇宙就会收缩。

宇宙收缩 120 亿年以后,宇宙温度将升得很高,变蓝。此时,正如英国科学家伯特兰·罗素所说的:"人类的一切被埋葬在宇宙的废墟中,其中包括人类的希望、报复和狂妄的野心。这一切,几乎如此之肯定。"宇宙收缩最后的 1 亿年,宇宙的任何物质都会与其他的任何东西撞在一起,都会挤压在一起,黑洞就会将很多星体吸进自己的怀抱而壮大。

宇宙收缩的最后4 000年,宇宙越来越热。最后的时刻到来了,黑洞之间也合并成大黑洞,γ射线暴充斥全宇宙,最终,宇宙变成一个特大黑洞。黑洞中形成一个体积很小的、无限黑暗的、只有巨大质量的点,这个点被命名为"奇点"。奇点就是这个黑洞的中心。奇点是大坍缩的终结点,也是宇宙大爆炸的起始点;是宇宙的归宿点,也是宇宙的诞生点。从此,宇宙结束了往日之白,开始了来日之黑。在那里,地球上的一切科学定律、定理全部失效,甚至时间也停止了(爱因斯坦的相对论认为,时间本身在宇宙大爆炸中起始,在黑洞中终结)。印度有一句名言:"世界最终将回归到一个鸟巢里。"也许这个鸟巢就是黑洞(鸟巢的形象也好似黑洞)。

如果宇宙大黑洞的奇点不能排除自身的热量而引发新的宇宙大爆炸,宇宙"重新诞生",或者说宇宙再一次诞生;如果"奇点"没有引起新的宇宙大爆炸,特大黑洞蒸发成电子和光子,至少需要再经历约10^{75}年。科学家霍金证明:比太阳质量大3倍的恒星级黑洞,全部蒸发也需要$3×10^{66}$年;像小行星质量那样的黑洞(没有这样的黑洞),全部蒸发需要10^{-22}秒。宇宙大部分时期都是在黑暗中度过的。在这个黑暗时代,任何粘在一起的东西都没有了,也没有任何能看到的东西。

回想起来,宇宙最精华、最脆弱的组成部分是智慧人类,他们肉眼凡胎,有判断和推理的思维能力,比宇宙中的任何物质都聪明,寄生在最优雅的行星上。不论地球人还是外星人,在宇宙漫长的岁月里都只是"昙花一现"。

人类是宇宙大舞台下的观众,不能支配和控制舞台上的主角,只能看着它们一幕一幕地表演。它们的表演激发了人类独有的智慧神经,使他们看清楚大舞台上主角们的本质。他们在台下欢呼、鼓掌、争论、喝倒彩,甚至往舞台上扔汽水瓶子(发射宇宙飞船),他们窥测舞台上演员们的隐私,笑谈它们的花边新闻,但都不能动摇宇宙大舞台上的程序,一直到宇宙恒星时代大结局,瞧到最后一个"节目"。当人类发现与我们隔开的第二个宇宙,正准备往那里移民的时候,我们的宇宙与我们人类自己就已消失了,是携带着遗憾和悲伤消失的。

从宇宙大爆炸、宇宙膨胀、膨胀到极点、宇宙收缩、宇宙坍缩、形成"黑洞",然后宇宙再大爆炸,这样周而复始,不断循环,每循环一次大约经历10^{31}年。宇宙大爆炸学说没有说明宇宙大爆炸的起因,也许宇宙大循环能够解释这个问题。宇宙将变成的那个特大黑洞与宇宙大爆炸前夕非常相似,也许那就是宇宙大爆炸的起因。

是谁触发了新的宇宙大爆炸?是奇点。奇点是奇特的点,是高温、高密度,有巨大质量的中心。我们的宇宙(可能还有别的宇宙)奇点只能容纳$2.04×10^{55}$千克的物质。超过这个质量,奇点就容纳不下了(就像一个气球容纳的气体是有限的),就会发生新的大爆炸,喷射出可见物质$2×10^{53}$千克以及比这个数字大6倍的暗物质、大17倍的暗能量。那时,宇宙将重新诞生。